QUADRATURE
DU CERCLE,

SOLUTION

DU

PROBLEME AMENÉE PAR LES THÉORIES D'UNE GÉOMÉTRIE
NOUVELLE;

ERREURS

DES PHILOSOPHES SUR LES RECHERCHES DE LA QUESTION
ET SUR LA NATURE DU CERCLE,
QUI EXPLIQUENT LA RÉSISTANCE DE SA QUADRATURE;

PAR M. F. DUPOUY,
Officier retraité.

AUCH,
IMPRIMERIE DE F. ROGER, PLACE ROYALE.

1837.

QUADRATURE
DU CERCLE,
SOLUTION

DU

PROBLÈME AMENÉE PAR LES THÉORIES D'UNE GÉOMÉTRIE
NOUVELLE;

ERREURS

DES PHILOSOPHES SUR LES RECHERCHES DE LA QUESTION
ET SUR LA NATURE DU CERCLE ,
QUI EXPLIQUENT LA RÉSISTANCE DE SA QUADRATURE;

Par M. F. DUPOUY,

Officier retraité.

AUCH,

IMPRIMERIE DE F. ROGER, PLACE ROYALE.

1837.

Avis essentiel.

La Quadrature du Cercle telle que nous allons l'expliquer sera exacte ou ne le sera pas ; il est constant qu'elle ne peut manquer de tomber dans l'une de ces deux conditions. Si l'on objecte que sous des apparences de vérité quelque paralogisme peut se trouver caché dans les raisonnements qui dévoilent les difficultés mystérieuses de cette question, nous prenons ici l'engagement de mettre trois mille francs à la disposition de quiconque, n'étant pas convaincu de la solution absolue et rigoureuse du problème, nous ferait voir que nous ne l'avons pas résolu suivant toutes les exigences des mathématiques.

La garantie de cet engagement repose non-seulement sur une propriété bien-fonds, libre d'hypothèques appartenant à l'auteur ; mais qui plus est sur son honneur.

Son domicile est à Bassoues (Gers.)

QUADRATURE
DU CERCLE.

Après que la géométrie fut passée de l'Egypte chez les Grecs, ceux-ci la cultivèrent avec tant de succès que, par les nombreuses découvertes dont ils l'accrurent, ils lui procurèrent une prodigieuse étendue. Les principaux théorèmes élémentaires et les plus féconds pour cette science, appartiennent en général à ces premiers inventeurs tels qu'Archimède, Euclide, Platon, Apollonius, Pythagore, etc., qui lui donnèrent les formes régulières qu'elle ne put trouver chez les Égyptiens où, suivant Hérodote, cette branche des mathématiques est présumée avoir pris naissance. (*)

Ce fut dans ce temps où la géométrie s'enrichissait chez les Grecs, que la difficulté de carrer le cercle, ayant attiré leurs regards, devint le sujet de leurs méditations, et celui de la fameuse proposition connue sous le nom de *Quadrature du Cercle*, qui consiste à former un carré dont la surface soit exactement égale à celle d'un cercle donné.

Les philosophes de ce temps, dont l'amour du savoir recherchait toute sorte de gloires, dirigèrent leur pensée sur cet objet, dans l'espoir d'ajouter à tant d'autres inventions celle d'a-

(*) Herod. livre 11. traduction de Duryer.

voir carré le cercle. Mais vainement ils voulurent réunir ce nouveau titre à leur renommée.

Ce problème, qui a constamment résisté aux efforts des plus
grands mathématiciens de toutes les époques, témoigne suffisamment que les moyens connus de la géométrie ne convenaient pas assez à la nature de la question, pour établir la
vérité. Aussi, l'attention portée sur cette difficulté, qui pouvait être générale parmi les géomètres de l'antiquité, se ralentit plus tard devant sa résistance ; et, dans les temps modernes, ce problème, qui resta négligé, ne fut plus guère
cherché que par les commençants, par des hommes étrangers
à la géométrie et par fort peu de savants.

A la naissance des calculs différentiel et intégral, on conçut quelque nouvelle espérance, et l'ancien problème fut rappelé pour être soumis à de nouveaux principes. On tenta de
suppléer par l'analyse à l'impuissance des moyens connus de la
géométrie, en représentant les symboles de cette dernière par
ceux de l'algèbre, et en les soumettant ainsi aux combinaisons
du calcul. Mais dans ces nouvelles tentatives, au lieu de trouver l'espérance on ne trouva au contraire que du découragement. En sorte que, depuis cette dernière époque, on a considéré en quelque manière cette question comme introuvable,
et dès-lors les géomètres cessèrent de s'en occuper.

Le rapport approché du diamètre à la circonférence, fort en
usage encore aujourd'hui, qu'Archimède donna il y a environ
trois mille ans, n'arrêta point les recherches des philosophes
sur la question de la quadrature du cercle ; et il paraîtrait
même que ce n'est que depuis que Viete appliqua le premier
l'algèbre à la géométrie, que les géomètres ont pu croire que
ce problème n'est point soluble, ce qui a fait écrire généralement dans les géométries modernes, au sujet de cette proposition, qu'elle doit être mise au rang des questions oiseuses
qu'il n'est permis de chercher qu'à ceux qui ont à peine les
premières notions de la géométrie. (Nous reviendrons en son
lieu sur cette opinion des géométries modernes).

Or, jusqu'à l'époque de Viete, les géomètres avaient eu leurs raisons pour tenter la solution du problème, malgré la connaissance qu'ils avaient du rapport approché d'Archimède. Ce qui autorise à croire qu'ils considérèrent la résistance de cette question du moins comme une imperfection dans les mathématiques et que sa découverte devait reculer les limites de leur empire.

A défaut de cette solution, plusieurs calculateurs ont eu la patience de pousser les décimales, sur le rapport approché du diamètre à la circonférence, jusqu'à un ordre fort nombreux. Mais cette représentation approchée de la longueur comparative de ces deux lignes qui, dans la pratique, n'a pu obtenir la préférence sur celle d'Archimède, n'a non plus pu fonder les principes d'une théorie exacte, et se trouve par là reléguée dans quelque coin des géométries d'où elle ne saurait sortir que pour passer dans la main de l'artisan, qu'elle ne peut toutefois guider qu'imparfaitement.

D'après ce peu de mots sur l'historique de la quadrature du cercle, il devenait prudent pour quiconque voulait, malgré tout, s'essayer sur cette matière, de recourir à des moyens nouveaux, ou différents de ceux présumés avoir été mis en usage. Ainsi, les moyens mécaniques, de calcul ou de tatonnement d'une part; et d'une autre part, toutes les données des mathématiques, devaient lui faire présager un écueil.

Les entreprises les plus hardies et les plus ingénieuses, devait-il se dire, ont été tentées pour vaincre cette difficulté qui a résisté à tous les efforts humains. Ni la science, ni le génie, ni la persévérance n'ont pu triompher d'elle, et pourtant, devait-il ajouter dans le fond de sa pensée, cette difficulté n'est pas invincible. Sans autre guide, pour se conduire, que le sentiment qu'il éprouvait que cette œuvre n'était pas impossible, il devait être en quelque manière comme un aveugle qui, voulant construire, arrive dans un chantier où il ne trouve que de vieux matériaux, usés dans les meilleures mains.

Il lui fallait tenir un chemin, dont nul jusqu'à ce jour n'au-

raìt découvert la trace. Mais encore , où trouver ce chemin que
chacun pouvait avoir cherché comme lui? Tel devait être l'embarras d'esprit de celui qui entrait dans cette carrière , qui
a été inutilement et tant de fois parcourue.

Dans les relations qui existent entre le rayon et le cercle se trouve
la clef de sa quadrature. Du triangle équilatéral , on tire que
le côté de l'exagone régulier inscrit au cercle est égal au rayon ,
mais on n'en tire pas les autres propriétés que peut avoir ,
avec le cercle , cette admirable rencontre.

Nous ferons voir , par les explications qui vont suivre , que
des propriétés mutuelles du rayon et du cercle se tire sa quadrature absolue , tandis qu'on la tenterait vainement en soumettant la circonférence au calcul.

Cette proposition , qui sera ramenée à la vérité par les théories d'une géométrie nouvelle , sera traitée par la SYNTHÈSE
ou méthode de composition , qui consiste à chercher les
propriétés d'une figure par des considérations puisées di-
rectement dans sa nature ou dans sa génération , et par
un enchaînement de rapports qui mènent des principes con-
nus ou déjà démontrés , à la proposition dont on veut éta-
blir la vérité.

La matière en question pourra n'être pas bien écrite , et sous
ce rapport bien de choses sans doute y seront à blâmer. Mais
si, malgré de nombreuses redites , nos démonstrations sont exemp-
tes de paralogismes et telles que les exigent les rigueurs
mathématiques , elles seront dédommagées de l'élégance qui leur
manquera probablement.

On trouvera étrange , on rira même , si l'on veut , de la té-
mérité de l'entreprise ; cela est probable. En lisant le titre
de ce mémoire , qu'un géomètre n'y trouve que de l'orgueil
ou le délire d'un esprit abusé et , prenant l'auteur en pitié ,
dédaigne de parcourir son écrit ; cela est probable encore. Je
ne m'en formaliserai pas ; à sa place j'en aurais pu faire autant,
mais s'il lit l'ouvrage , à coup-sûr il jugera mieux le titre.

Cette œuvre se dit-on est impossible et l'autorité qu'on met en avant ce sont les efforts inutiles des savants de longues époques. On n'en saurait citer de plus solides.

Je sais bien qu'on est las, aujourd'hui, d'accorder quelque attention aux écrits de cette espèce qui, depuis que les sciences sont en honneur parmi les hommes, ont importuné toutes les académies et sociétés savantes du monde. Les illusions plus ou moins séduisantes dont ces écrits pouvaient être empreints dans l'esprit de leurs auteurs, n'ayant fait qu'ajouter à l'indifférence de leurs juges, fatigués de tant d'examens inutiles, il n'est pas surprenant que ceux-ci aient décidé qu'ils ne verraient plus de productions sur cette matière, ce qui explique que cette décision doit être attribuée à la perte de temps à laquelle les académies se trouvaient exposées.

Cette décision pourtant, quelle que puisse être la cause de son existence, met toutefois la question de la quadrature dans une position si injuste que, bien qu'elle soit accomplie, supposons-le, elle sera néanmoins traitée comme si elle était introuvable, et de là, nos démonstrations seront comme non avenues. Or cette considération nous conduit nécessairement à déclarer que si, après nous avoir lu, un géomètre ne s'avouait pas convaincu de la solution absolue du problème, nous osons mettre en avant qu'il ne fournira pas par écrit, en présence de ce mémoire, la démonstration que le problème n'est pas résolu.

DÉFINITION

DU SYMBOLE DE LA QUADRATURE DU CERCLE.

En ne levant tour-à-tour qu'une branche de compas, on peut décrire et diviser le cercle en 18 parties égales. La figure première (Planche 1), qui est sans contredit à la fois la plus par-

2

faite que la main de l'homme puisse tracer, et l'un des plus beaux symboles de la géométrie, sera désignée par le nom de *Symbole de la Quadrature du cercle.*

C'est le rayon ou des rayons égaux, qui, se jouant tantôt sur la circonférence primitive et tantôt sur celles qu'ils viennent de décrire, forment, suivant leurs propriétés invariables à l'égard du cercle, les 18 divisions dont nous venons de parler.

Ces 18 figures, dont nous établirons l'égalité parfaite qui règne entre elles, chacune à chacune, qui composent et divisent le cercle, et qui se puisent dans sa génération, se présentent naturellement sous les pointes du compas avec deux physionomies différentes. Tous les arcs qui les forment étant de 60 degrés; douze d'entre elles sont chacune formées par les concavités de deux arcs; et les six autres, qui sont formées chacune par trois arcs, ont leurs surfaces comprises entre leurs convexités.

En décrivant, avec la même ouverture de compas, des circonférences sur un plan, chacun a pu former de semblables figures à celle que nous mettons en avant; et pour ce motif, et parce que nous aurons occasion d'en parler ailleurs, nous ne donnons pas ici des explications sur la manière de la tracer. Nous dirons seulement que cette admirable rencontre qui n'a point encore été étudiée, parce qu'elle n'a probablement pas fixé les regards des géomètres, nous a montré la première voie que devaient suivre nos opérations, pour éclairer la proposition dont il s'agit; et que, suivant les lois absolues de cette division, qui dans la suite recevra tout son jour, nous allons diviser la circonférence du cercle en 18 parties égales ou supposées telles.

DÉFINITION DU CERCLE,

Avec l'établissement des Principes d'opération.

Pour opérer suivant l'inspiration du symbole de la quadrature, soit la circonférence du cercle (Fig. 1) divisée en 6 parties égales, par la même ouverture de compas qui l'a décrite, aux points 1, 4, 7, 10, 13 et 16, nous aurons 6 arcs de 60 degrés chacun, en admettant l'ancienne division de la circonférence en 360 degrés.

Nous divisons chacun de ces arcs en trois parties égales ou arcs de 20 degrés. (Nous n'entendons pas, par cette dernière opération, diviser un arc en trois parties exactement égales, attendu qu'il ne s'agit point dans ce mémoire, de la trisection de l'angle. (*) La division de cet arc en trois parties, opérée sans rapporteur et seulement avec le compas ordinaire, fût-elle inexacte, nous suffira pour opérer sur la surface du cercle : la démonstration devant être d'ailleurs toute de raisonnement géométrique.)

La circonférence du cercle ainsi divisée, du point 2 avec un rayon égal à celui du cercle, je décris, de la circonférence au centre, l'arc FO. Du point 8, je décris, toujours avec un rayon égal, l'arc BO. Du point 14, je décris l'arc DO.

Maintenant, dans le sens renversé, du point 16, je décris l'arc AO. Du point 10, l'arc EO, et du point 4 l'arc CO. Ces 6 arcs décrits, avec des rayons égaux à celui du cercle, diviseront celui-ci en 6 triangles curvilignes. Pour abréger, au lieu de désigner les triangles FOA, BOC, DOE par des lettres, je dirai *triangles concaves*. Pour la même raison je dirai *triangles convexes*, quand je voudrai parler des triangles AOB, COD, EOF.

1 — Ainsi, faisant usage de ces dénominations, je dirai que les trois triangles concaves, plus les trois triangles convexes, sont évidemment égaux à la surface du cercle. Que les trois triangles concaves sont égaux chacun à chacun, comme ayant les angles et les côtés homologues égaux ; et qu'en les appliquant l'un sur l'autre ils se confondraient exactement. Que les trois triangles convexes sont égaux chacun à chacun suivant les mêmes raisons.

_____

(*) La division de l'arc de cercle, en 3 parties égales, se trouve expliquée dans un mémoire adressé au Roi, le 13 avril 1836, sur le problème de la trisection de l'angle.

2 — Par hypothèse, les triangles concaves occupent sur la circonférence du cercle, chacun, un arc de 40 degrés.

3 — Les triangles convexes occupent sur la circonférence, chacun, un arc de 80 degrés suivant la même hypothèse. On ne peut refuser d'accorder ces principes ou suppositions d'opérations.

Commençons par mettre en avant deux axiomes et deux théorèmes qui ne peuvent non plus être niés.

AXIOMES.

(A). Deux quantités qui sont, chacune, égales à une troisième sont égales entre elles.

(B). Si de grandeurs égales on retranche une même grandeur, les restes seront égaux.

(C). Le côté de l'exagone régulier égale le rayon du cercle auquel il est inscrit ; et, par conséquent, le rayon égale la corde de 60 degrés. (Nous renvoyons à la géométrie de Bezout art. 93). De ce théorème va découler le suivant.

(D). Tout arc, aboutissant de la circonférence au centre d'un cercle, qui sera décrit d'un point quelconque de la circonférence, comme centre, avec un rayon égal à celui du cercle, sera de 60 degrés.

Cela est clair et pourrait être prouvé par de nombreux moyens fort simples, en voici un :

Je suppose un rayon du cercle ABCDEF (symbole de la quadrature) tiré au point A. Il est certain (ax. C) que ce rayon sera la corde de 60 degrés de l'arc AGO et par conséquent cet arc qui est décrit avec un rayon égal à celui du cercle sera de 60 degrés. Nous ne nous arrêterons pas long-temps sur les questions très-connues, ni sur les questions incontestablement vraies. Ceux de nos lecteurs qui n'auront même que quelque peu de connaissance de la géométrie élémentaire, en trouveront aisément les démonstrations.

Des principes de construction que nous venons de poser, vont naître les corollaires suivants :

4 — Un secteur de 40 degrés plus deux segments de 60 degrés égale le triangle concave.

Soit tiré un rayon au point C (fig. 2). Ce rayon formera avec le côté OGC du triangle concave, le segment OCG qui sera de 60 degrés, parce que le rayon égale le côté de l'exagone ou la corde de 60 degrés (ax. C). Il en sera de même du rayon OB à l'égard de l'autre côté du même triangle. Par ces deux rayons OC, OB, le triangle concave COB, se trouve converti en un secteur de 40 degrés COB et en deux segments. Les deux rayons n'ayant rien ôté de sa surface : il suit, que le secteur de 40 degrés plus deux segments égale le triangle concave.

J'avertis, une fois pour toutes, que lorsque dans la suite je parlerai de segments, j'aurai en vue le segment de 60 degrés, à moins que je ne dise expressément le contraire.

5 — Une moitié de triangle convexe plus trois segments égale le triangle concave.

En effet, du point I milieu de l'arc occupé par le triangle convexe EOF (Fig. 3), je tire le rayon OI qui divisera ce triangle en deux parties égales. Autour du centre comme pivot, je fais tourner la moitié IOF de ce triangle, vers le triangle concave FOA, jusqu'à ce que le point F vienne rencontrer le point A ; et je tire enfin le rayon AO qui partagera évidemment la surface comprise entre les deux arcs OCA, ODA, en deux segments.

Après cette opération, je trouve que ce demi-triangle convexe IOF, qui occupe sur la circonférence un arc de 40 degrés, arc égal à celui occupé par le triangle concave (2 et 3), est moins grand de trois segments que ce triangle, ainsi qu'il est aisé de le voir par leur application de l'un dans l'autre ; et qu'en effet, une moitié de triangle convexe plus trois segments égale la surface du triangle concave.

En prenant un segment de 60 degrés pour unité de mesure commune aux deux triangles concave et convexe, nous avons établi entre ces deux triangles, une relation qui deviendra précieuse par son application.

6 — Une moitié de triangle concave plus une moitié de triangle convexe égalent ensemble un secteur de 60 degrés.

Ce corollaire peut être prouvé de plusieurs manières. Après avoir (Fig. 3) tiré le rayon OH, qui partage en deux parties égales le triangle concave EOB : ce rayon formera avec le rayon OI, un secteur de 60 degrés HOI, qui renfermera, en effet, une moitié de triangle convexe IOE, plus une moitié de triangle concave EOH, qui se trouvent individuellement comprises dans ce secteur, et qui ensemble égalent sa surface. Et d'ailleurs, par la construction (Fig. 1), six moitiés de triangles concaves plus six moitiés de triangles convexes égalent le cercle (1). Donc, une moitié de triangle concave, plus une moitié de triangle convexe, égale le secteur de 60 degrés. Ici, ce n'est pas seulement la somme de ces deux demi-triangles qui est sous entendue, mais encore les deux moitiés individuellement.

Avant de passer à des questions plus importantes, nous allons encore mettre en avant le théorème suivant qui est fort simple.

7 — Si des deux extrémités du diamètre d'un cercle, et avec une ouverture de compas égale au rayon, on décrit deux arcs qui aillent aboutir de part et d'autre à la circonférence, ces deux arcs seront chacun de 120 degrés; ils ne se toucheront que par un point au centre du cercle, et ils auront entre eux, sur la circonférence, deux arcs de 60 degrés, un dans chaque demi-cercle, qui seront partagés en deux parties égales par la tangente commune aux deux arcs de 120 degrés dans le cercle.

Un coup d'œil jeté sur la figure (4) suffit pour reconnaître la vérité du théorème. Car les quatre arcs IE, ID, HA, HB, étant donnés par la longueur du rayon, sont (ax. C) 4 arcs de 60 degrés, et par conséquent les deux arcs AD, BE, seront aussi deux arcs de 60 degrés. Or ; si la droite GF ne passait pas par le milieu de ces deux arcs AD, BE, il est clair qu'en passant par le centre, elle couperait les deux arcs ACB, DCE et ne serait plus leur tangente commune. Nous n'insistons pas pour donner plus de formes à cette démonstration à raison de sa simplicité.

Ainsi, la tangente FG partage en deux parties égales chacun des arcs AD, BE, et les arcs BG, GE, AF, FD sont, par conséquent des arcs de 30 degrés.

Après ce qui vient d'être établi sur les relations que les triangles et la circonférence ont entre eux, nous allons montrer que le segment égale le secteur de 10 degrés.

8 — PROPOSITION. Le segment de 60 degrés égale le secteur de 10 degrés. Voici d'abord comment cela peut être prouvé. Après avoir tiré 6 rayons aux extrémités des 6 arcs ou côtés des triangles concaves (Fig. 2), ces rayons formeront avec ces côtés de triangles, 6 segments de 60 degrés, a, b, c, d, e, f : et en outre, ces 6 rayons formeront deux à deux, trois secteurs A, E, F de 40 degrés chacun.

Dans cet état d'opération, je transporte ces trois secteurs de 40 degrés A, E, F, de la figure 2, dans le demi-cercle inférieur de la figure 3, en substituant à chaque segment un secteur de 10 degrés. De cette opération, en représentant chaque secteur par le nombre de degrés qu'il occupe sur la circonférence, on tire l'équation suivante : 10 † 40 † 10 † 10 † 40 † 10 † 10 † 40 † 10 = 180. Il est évident que l'ensemble de ces 9 secteurs égale le demi-cercle.

Par cette première opération, on voit que l'inconnu, qui est le segment représenté par le secteur de 10 degrés, n'entre en relation qu'avec des quantités connues à l'égard de la circonférence, qui sont, le demi-cercle occupant un arc de 180 degrés, et les trois secteurs de 40 degrés occupant ensemble un arc de 120 degrés. Jusqu'ici la représentation, par hypothèse, de l'inconnu a du moins le mérite de n'avoir pas démenti la supposition ; mais elle n'a point encore celui d'être une vérité établie, parce que pour cela il faut que cet inconnu, ainsi représenté et combiné avec les trois triangles convexes et le demi-cercle, cadre tout aussi bien avec ces trois triangles, comme il vient de cadrer avec les trois triangles concaves.

Pour substituer le segment au secteur de 10 degrés, dans les

triangles convexes : du point A , supposé le milieu de l'arc
occupé par le triangle convexe. FOG (Fig. 6) avec une ouverture de compas égale à la moitié de l'arc de 20 degrés ou corde
de 10 degrés , je marque de chaque côté sur la circonférence les
points B et C; et sur ces points , je tire les deux rayons OB, OC qui
formeront le secteur de 20 degrés BOC. Si je retranche ce secteur de
20 degrés , et que je rapproche les deux parties restantes du-trian-
gle , jusqu'à ce que le rayon OB se confonde avec le rayon OC ,
ces deux parties restantes, réunies , n'occuperont plus sur la circonférence , qu'un arc de 60 degrés , et donneront le triangle
DOE représenté dans le demi-cercle inférieur. Cette réduction
peut être opérée sans que les deux arcs DO , EO , qui forment
le triangle convexe de 60 degrés, se croisent avant d'aboutir
au centre du cercle. (7)

Sur les deux côtés de chaque triangle convexe ainsi réduit ,
appliquant deux segments , alors je substitue un segment à chaque secteur de 10 degrés , comme j'ai substitué un secteur de
10 degrés à chaque segment lorsque j'ai opéré sur les triangles
concaves. Je substitue donc les 6 segments aux trois secteurs de
20 degrés ou, ce qui revient au même , je substitue 6 segments
à 6 secteurs de 10 degrés.

En exprimant cette substitution par la figure 7 : je trouve
que les trois triangles convexes ainsi compensés sont exactement
égaux au demi-cercle , chacun occupant sur la circonférence un
arc de 60 degrés, et les 6 segments remplissant exactement les
vides que laissent entre eux les concavités de leurs côtés.

Or , comme il est impossible de remplir ou de satisfaire exactement le demi-cercle , soit avec les trois triangles concaves ,
soit avec les trois triangles convexes, en représentant le segment par tout autre secteur que celui de 10 degrés , il faut
conclure que le segment de 60 degrés égale le secteur de 10
degrés.

Cette démonstration suffirait , comme on le verra par la suite ,
pour atteindre à la solution du problème : et pour quiconque
ne voudrait prendre connaissance que de la quadrature du cercle

sans pénétrer dans le détail des preuves plus rigoureuses et des théories nouvelles dont cette découverte va enrichir la géométrie : il lui suffira de passer à l'article 22, où il trouvera que la valeur du segment appliquée aux relations qu'il a établies , porte l'évidence sur la solution du problème.

Quoique nous n'ayons trouvé démontré nulle part que le diamètre et la circonférence sont incommensurables , nous ne dirons rien sur l'opinion qu'on en a conçue ; cela importe peu à la question de la quadrature , attendu que ce n'est pas par le rapport que ces deux lignes peuvent avoir ensemble que doit être résolu le problème. Mais si ces deux lignes n'ont point de mesure commune , ainsi que nous allons l'admettre avec l'opinion reçue , à coup-sûr personne n'a prouvé que la surface du segment est incommensurable avec celle du cercle. Le rayon quoique incommensurable avec la circonférence possède pourtant à son égard quelques propriétés à sa convenance puisqu'il la décrit , suivant l'opinion reçue , et qu'il la divise en 6 parties égales.

Pourquoi les 6 segments , qui se trouvent entre la circonférence et les côtés de l'exagone régulier inscrit , comme dans la figure 26 , n'auraient-ils pas ensemble une surface égale à la sixième partie du cercle , de même que l'arc de chacun de ces segments égale la sixième partie de sa circonférence , les uns et les autres étant donnés par le rayon? Nous fournirons toutes ces preuves dans la suite : et sans aller plus loin, nous pourrions démontrer que le segment et le cercle ne sont point incommensurables. Mais cette démonstration qui se présentera naturellement ailleurs, nous dispense de la donner ici.

Je reviens au symbole de la quadrature et je dis qu'on peut supposer le cercle ABCDEF , comme engendré par la révolution de l'arc de 60 degrés AGO pivotant autour de son extrémité O , tout aussi bien comme on le suppose engendré par la révolution d'une ligne droite ou rayon. Car , le symbole que nous avons sous les yeux ne montrant nulle trace de ligne droite , il est tout aussi naturel de supposer le cercle engendré par la révolution de l'arc de 60 degrés AGO que nous voyons , que par une

5

ligne droite que nous ne voyons pas. Et si je suppose un rayon
tiré au point A , on ne peut refuser que ce rayon ne soit la
corde de l'arc AGO qui est un arc de 60 degrés. (ax. D). Or, la
corde de 60 degrés n'est autre chose que le côté de l'exagone
régulier inscrit au cercle ; de même que la corde de 72 degrés
n'est autre chose que le côté du pentagone ; de même que la corde
de 40 degrés n'est autre chose que le côté de l'énéagone, etc. Nous
n'entendons parler que des polygones réguliers inscrits au cercle
Or, pourquoi le côté de l'exagone serait-il plutôt une dimension du
cercle que les côtés du pentagone ou de l'énéagone? Viendrait-
on soutenir que de l'égalité qui règne entre le rayon et le côté
de l'exagone il suit que le côté de ce polygone doit être une
dimension du cercle? je réponds à cela que nous venons de
faire voir sur le symbole de la quadrature , que le *rayon*, mot
que nous n'employons ici que parce qu'il est en usage , n'est
autre chose que la corde de 60 degrés qui soutend un arc égal
à la sixième partie de la circonférence , et que si cette corde est
une dimension du cercle parce qu'elle soutend la sixième partie
de la circonférence , pourquoi la corde de 72 degrés qui en
soutend la cinquième partie et la corde de 40 degrés qui en
soutend la neuvième , ne seraient-elles pas aussi des dimensions
du cercle , attendu que ces trois cordes sont trois côtés de trois
polygones réguliers inscrits au cercle ?

La corde de 60 degrés n'a point de rapport exact avec la
circonférence : autrement dit , en quelque nombre de parties
égales qu'on la divisât , nulle d'elles ne serait la mesure exacte
de la circonférence. Dans cette question , il ne peut rien arriver
de pire au rapport que les cordes de 72 et de 40 degrés peuvent avoir aussi avec cette même circonférence. De même que
la corde de 60 degrés , elles seront incommensurables avec elle
ainsi que les côtés de tout polygone régulier inscriptible au cercle.
Car , s'il existait un rapport exact connu entre le côté de quelque polygone régulier inscrit et la circonférence , l'appréciation
de la surface du cercle serait aussi facile que celle de toute autre figure ; et alors , il serait naturel de croire que la qua-

drature du cercle serait sortie de la main des Grecs comme tant d'autres inventions qu'ils nous ont léguées.

Ainsi, le triangle équilatéral, le carré, le pentagone, l'exagone et tous les polygones réguliers imaginables inscrits au cercle, auront pour côtés : le triangle, la corde de 120 degrés : le carré, la corde de 90 degrés : le pentagone, celle de 72 : l'exagone, celle de 60 : en un mot, le quotient de 360 divisé par le nombre des côtés du polygone. Chacune de ces cordes ou côtés de quelque polygone régulier inscrit que ce puisse être aura ses propriétés particulières avec le cercle et la circonférence, de même que la corde de 60 degrés a les siennes, mais aucune d'elles ne saurait être la mesure exacte de la circonférence. Sans entrer dans d'autres explications, nous donnerons pour raison qu'en géométrie la ligne droite ne pouvant s'appliquer exactement sur une courbe, elle ne peut par conséquent la mesurer exactement. Mais nous n'entendons nullement prouver par là que le diamètre et la circonférence sont incommensurables. Et qu'importe d'ailleurs que ces deux lignes aient ou n'aient pas entr'elles de rapport exact, s'il n'existe pas de moyen pour les confronter afin de le reconnaître ?

Or, sous cet aspect, chaque côté de tel polygone inscrit qu'on voudra aurait le même droit à être adopté comme une dimension du cercle, puisque chacun d'eux, suivant ses rapports particuliers avec la circonférence, la diviserait en parties exactement égales. Donc, il serait difficile, d'après ces explications, de reconnaître la cause de la préférence qu'on donne à la corde de 60 degrés à moins qu'on ne la considère comme un choix de convention et non comme la règle d'un principe exclusif.

Les dimensions du cercle ainsi considérées sont donc sa circonférence seulement. Car cette courbe qui le renferme tout entier doit être reconnue comme son unique dimension puisqu'elle est son unique périmètre.

Cette remarque nous conduit à dire que parmi les erreurs des philosophes, dans la question de la quadrature, celle-ci est d'avoir envisagé la ligne droite ou rayon comme une dimension

absolue du cercle, en le mettant en rapport soit avec lui soit
avec la circonférence. On prouve facilement en géométrie que
les surfaces de deux polygones semblables sont entre elles comme les carrés de leurs côtés homologues ; et , par un corollaire
qu'on fait découler du théorème , on prouve en outre que les
surfaces de deux cercles sont entre elles comme les carrés de
leurs rayons ou de leurs diamètres. Mais les surfaces de deux
cercles sont aussi entre elles comme les carrés des côtés de
deux polygones réguliers semblables quelconques, qui leur seraient
inscrits. (Démonstration facile à fournir par la théorie des triangles semblables).

Dans cette question , tout ce qui est applicable au rayon, à
l'égard du cercle et de la circonférence , est également applicable au côté de tout polygone régulier inscrit. En voici la
preuve. Si on pose que les circonférences sont comme les rayons,
nous dirons que les circonférences sont comme les côtés des
polygones réguliers inscrits. Si on avance que les cercles sont
comme les carrés des rayons , nous dirons que les cercles sont
comme les carrés des côtés des polygones réguliers semblables
inscrits. Si on avance enfin que la surface du cercle est égale
au produit de sa circonférence multipliée par la moitié du rayon ,
je dirai que la surface du cercle est égale au produit d'une
partie du côté d'un polygone régulier inscrit quelconque , mul-
tiplié par la circonférence ; et que lorsque les côtés du polygone
régulier inscrit seront, chacun, plus petits que la moitié du rayon,
alors la surface du cercle sera égale au produit de sa circonférence multipliée par le côté de ce polygone plus une de ses
parties , ou par plusieurs fois un de ses côtés, ou par plusieurs
fois un de ses côtés plus une de ses parties , de même que la
surface du cercle est égale au produit de sa circonférence multipliée par une partie du rayon. (Nous ne nous étendrons pas
davantage sur cette matière parce qu'elle est inutile au problème).

Voilà pourquoi les explications des géométries sur les rapports
du rayon au cercle et à la circonférence , au lieu d'avoir jeté

quelque jour sur la question de la quadrature, l'ont au contraire rendue plus obscure et l'ont même pu faire croire impossible. Les géomètres les plus recommandables, Legendre lui-même nous dit dans sa géométrie en parlant de ce problème : « Le problème de la quadrature du cercle consiste à trouver » un carré égal en surface à un cercle dont le rayon est connu. » Il ajoute plus bas. « Ainsi le problème de la quadrature du » cercle se réduit à trouver la circonférence quand on connaît » le rayon, pour cela il suffit de connaître le rapport de la » circonférence au rayon ou au diamètre. » (Voyez page 122.)

Mais Legendre, quand il écrivait sa géométrie, savait bien qu'il était impossible d'assigner exactement ce rapport. Ainsi, la géométrie de Legendre et toutes celles où nous avons cherché des lumières pour nous conduire dans les difficultés du problème en question, laissent croire que pour en trouver la solution il faut d'abord calculer le cercle par ses propres dimensions pour ensuite lui faire le carré égal. Or cette opinion est encore une erreur, et nous ferons voir par des théories nouvelles, que, sans calculer le cercle ni la circonférence, on parvient à lui faire le carré égal.

Après la proposition (8) que nous avons démontrée, nous allons, à cause de l'importance de la matière, traiter la question par des moyens qui répondront mieux aux exigences et rigueurs mathématiques.

Par les propriétés du rayon à l'égard du cercle, peuvent s'engendrer de nombreuses rencontres dont il nous serait difficile de déterminer actuellement l'étendue ; mais parmi lesquelles, pourtant, nous ferons voir dans la suite celles qui conviennent à la question, sans parler de plusieurs autres dont peuvent se passer les éclaircissements que nous allons fournir, qui, d'ailleurs, leur donneraient une étendue beaucoup plus considérable que celle qu'ils nous ont paru exiger.

9 — En entrant dans cette voie nouvelle, je dirai que si les circonférences de deux cercles égaux sont semblablement divisées ; que sur tous les points de division de la première on

mène des rayons ; et que de tous les points de division de la
seconde , on fasse partir des arcs aboutissant au centre , décrits dans le même sens d'autant de points de la circonférence
comme centres avec des rayons égaux à celui du cercle , chaque secteur du premier cercle sera égal au triangle curviligne
qui lui est homologue dans le second.

Ce théorème n'a besoin que de peu de mots d'explication. Les
cercles (Fig. 8 et 9) supposés égaux et divisés chacun en 6
parties égales , expliquent clairement que chaque secteur de
cercle (Fig. 8) et chaque triangle curviligne du cercle (Fig 9)
sont évidemment, chacun, égaux à la sixième partie de chaque cercle , et par conséquent égaux chacun à chacun.

De quelque manière que les circonférences de deux cercles
égaux soient divisées, pourvu qu'elles le soient semblablement ,
les secteurs du premier cercle seront toujours égaux aux triangles curvilignes qui leur seront homologues dans le second.
Et en outre , si on inscrit une circonférence concentrique dans
chaque cercle, avec deux rayons égaux , la même rencontre
aura lieu quoique les secteurs courbes se trouvent décrits ,
à l'égard des nouvelles circonférences , avec des rayons différents.

A la faveur de ce théorème , on conçoit qu'on peut en
quelque façon donner une forme courbe à un secteur quelconque sans , pour cela , altérer la valeur de sa surface. Comme
plus commode pour nos explications , nous désignerons au besoin les triangles curvilignes de cette espèce , par le nom de
secteurs courbes.

Nous arrivons actuellement à la théorie des arcs.

10. — PROPOSITION. Deux arcs qui se croisent dans un cercle ,
et décrits par des rayons égaux à celui de ce cercle, de deux
points quelconques de sa circonférence comme centres , leurs
parties comprises entre leur point d'intersection et la circonférence , seront chacune égale à l'arc de cercle compris entr'eux.

En effet , les deux circonférences EHANRB et OHhanN (fig.
10.) sont décrites avec deux rayons égaux et de deux points

commé centres , pris réciproquement sur les deux circonférences. Les deux points H , N de leur intersection sont chacun éloignés de leur centre respectif, d'une distance égale au
rayon : ceci est évident.

Si je porte sur le point H d'intersection , une pointe du compas avec la même ouverture qui a décrit les deux circonférences , et dirigeant l'autre pointe vers *h* , je le promène sur la
circonférence supérieure en *h* , *a* , *n* : et jusqu'à ce que l'une
de ses pointes vienne tomber sur le point N qu'elle doit nécessairement rencontrer , à cause de la propriété connue du rayon
qui divise la circonférence en 6 parties égales (ax. C) : et
qu'ensuite , de ce point N , au lieu de tourner sur cette circonférence , je continue à opérer sur la circonférence inférieure
aux points RBEH , il est clair que le compas divisera cette
dernière circonférence comme elle aura divisé la première. C'est-
à-dire , que tous les points qu'auront marqué les pointes du
compas , seront chacun éloignés de leur voisin , d'une distance
égale au rayon : et en outre , chaque point de division sur la
première circonférence , aura sur la seconde un point qui sera
semblablement situé. Je veux dire , que si par leurs diamètres
*a*OB , comme par une coulisse , on rapprochait ces deux
circonférences l'une de l'autre , jusqu'à ce qu'elles fussent con-
fondues , leurs points de division se confondraient exactement.

Pour être plus clair dans ce que nous aurons à dire , ces
6 points H , A , N , R , B , E , qui sont tous donnés par la longueur du rayon , à partir du point d'intersection H , seront au
besoin désignés par le mot de *Points exagones.*

Maintenant , si au lieu de partir du point H , je pose la
pointe du compas sur un point arbitraire de l'une de ces deux
circonférences , au point G , par exemple , supposé distant de
20 degrés du point exagone H , et qu'après avoir fait le tour
de la circonférence inférieure , par les points G , K , M , Q ,
T , D , qui seront nécessairement chacun également distants à
l'égard de chacun des autres points exagones , et que revenu
au point G , je continue , à partir de ce point , à tourner le

compas sur la circonférence supérieure, par les points g, k, m, q, t, u; et qu'enfin, après cette nouvelle division, je suppose que les deux circonférences viennent de nouveau se confondre, on conçoit que la même rencontre aura lieu, à l'égard des nouveaux points de division. Le point g se confondra avec le point G. Le point k se confondra avec le point K. Le point m, avec le point M, ainsi des autres : et par conséquent, chaque point de division sur une circonférence aura son point correspondant sur l'autre.

Après cette remarque sur les points correspondants : je suppose la circonférence inférieure divisée en un nombre de parties quelconque, égales ou non ; en 18 parties égales, par exemple, à cause de l'utilité de cette division pour la proposition dont il s'agit. Cette circonférence ainsi divisée, si je porte une branche du compas au point B qui est l'extrémité d'un diamètre et un point exagone, il est certain que, dirigeant l'autre branche vers la circonférence supérieure, elle ne rencontrera celle-ci qu'au point O qui est aussi l'extrémité de son diamètre et l'un de ses points exagones ; et par conséquent, le point correspondant du point B. Si du point C, de la circonférence inférieure comme centre, je décris l'arc FcO, le point c, de rencontre, de cet arc et de la circonférence supérieure, sera le point correspondant du point C. Si du point D, je décris l'arc GdO : le point d sera le correspondant du point D. Du point E qui est un point exagone, décrivant l'arc HO, le point H sera le correspondant du point E. Du point F, décrivant l'arc fIO : le point f sera le correspondant du point F et successivement de tous les autres.

Si les deux points B et C, de la circonférence inférieure, ont entre eux un arc de 20 degrés ; les deux points O et C, de la circonférence supérieure, auront aussi entre eux un arc de 20 degrés. Si les points D et B, de la circonférence inférieure, sont séparés par un arc de 40 degrés, les points d et O, de la circonférence supérieure, seront semblablement séparés par un arc de 40 degrés.

J'en dirai de même de l'arc EB , à l'égard de l'arc HO; de même de l'arc FB , à l'égard de l'arc *f*O ; de même de l'arc GB , à l'égard de l'arc *g*O ; et enfin progressivement de l'égalité de tous les arcs, décrits de tous les points de divisions de la circonférence inférieure , comparés aux arcs de celle-ci , qui sont compris entre les points qui ont servi de centres et le point B qui est le point de départ.

Je veux dire que si , à l'égard d'un point quelconque de la circonférence inférieure , par exemple , à l'égard du point L , je considère l'arc *l*YVPO qui est décrit de ce point , cet arc sera égal à l'arc LAKIHGFEDCB. Ils seront l'un et l'autre de 200 degrés.

Tous les arcs BC , CD , DE , EF , ainsi des autres , de la circonférence inférieure , étant égaux par hypothèse , tous ceux de la circonférence supérieure le seront aussi puisque chacun d'eux est égal à son arc correspondant. Il suit de là , que l'arc *c*O est égal à l'arc FE , que l'arc *dc* est égal à l'arc GF , et que l'arc H*d* est égal à l'arc HG.

Or , l'arc HGF est égal à l'arc H*dc*. Mais les deux arcs F*c*O, H*c*O sont deux arcs de 60 degrés (ax. D) et se coupent au point *c* , distant du point O , d'un arc de 20 degrés égal à l'arc CB. Les deux arcs entre *c*O sont donc deux arcs de 20 degrés ; et par conséquent , leurs parties restantes *cd*H , *c*F seront chacune de 40 degrés , et par là , parfaitement égales entre elles.

Nous venons de voir que l'arc HGF est égal à l'arc H*dc*. Donc , les trois arcs H*dc* , *c*F , HGF sont égaux entre eux , et le triangle curviligne H*dc*F est un triangle équilatéral , du moins par l'égalité de ses côtés. Le même raisonnement est applicable au triangle H*d*G.

On voit , par la construction de cette figure , que , pour que deux arcs se croisent dans le cercle , il faut qu'ils aient entre eux un arc moindre que l'arc de 60 degrés ; car , le triangle équilatéral ne peut se construire que jusqu'à l'arc de 60 degrés inclusivement , les arcs au centre n'étant que des arcs de 60 degrés (ax. D).

4

On peut donc dire généralement que deux arcs qui se croisent dans un cercle, et qui sont décrits avec des rayons égaux. à celui de ce cercle, de deux points quelconques de sa circonférence, leurs parties comprises entre leur point d'intersection et la circonférence, seront chacun égaux à l'arc de cercle compris entre eux, et formeront par conséquent avec lui un triangle équilatéral. Pour abréger j'appellerai équilatéraux les triangles de cette espèce, quoiqu'ils n'aient pas les 3 angles égaux.

11 — Actuellement, si par le point d'intersection x, je fais passer le rayon OX, il partagera en deux parties égales la surface comprise entre les deux arcs Ox de 40 degrés, ainsi que le triangle équilatéral RxQ, parce que ces deux surfaces sont exactement opposées l'une à l'autre; et par conséquent l'arc RQ, de 20 degrés, sera partagé en deux arcs RX, XQ de 10 degrés chacun. D'où il suit, que l'arc RX égale la moitié de l'arc Rx, et que de cette proposition on peut encore tirer le principe suivant.

Tout rayon qui rencontrera un arc, décrit de la circonférence au centre d'un cercle, suivant les conditions de la proposition (10), le divisera en deux parties dont l'une, comprise entre le point d'intersection et la circonférence, sera double de l'arc de cercle compris entre le rayon et l'arc divisé.

La construction de cette figure conduirait à bien d'autres considérations que nous ne suivons pas ici, par la raison, déjà donnée, qu'elles ne nous ont pas paru exigées par l'objet qui nous occupe, et qu'elles prolongeraient sans nécessité les explications.

Après l'établissement de cette proposition, et suivant l'égalité qui règne entre les secteurs courbes et les secteurs droits, déjà connue (9), si sur le côté AC, du triangle concave ACB (fig. 11) je construis, à la suite l'un de l'autre, cinq secteurs courbes de 60 degrés, en décrivant du point A comme centre avec un rayon égal à celui du cercle, l'arc DC; en décrivant

du point D, l'arc EC; du point E, l'arc FC; du point F, l'arc
GC, et du point G, l'arc HC, ce dernier arc coupera le côté
du triangle concave ou arc CIB, en deux parties CI, IB, dont
la première sera de 40 degrés, et la seconde de 20, parce
que le triangle concave n'occupant, sur la circonférence, qu'un
arc de 40 degrés (2), il est clair que le cinquième secteur
courbe de 60 degrés GCIH doit laisser sur la circonférence,
entre lui et le triangle concave, un arc égal à celui de 20
degrés.

Or, le triangle BIH est équilatéral, d'après la proposition article 10. Donc, les deux parties BI, IH sont chacune de 20
degrés ; et par conséquent, les deux autres parties CI, CLI
sont chacune de 40 degrés, les deux arcs CIB, CIH étant
chacun de 60 degrés (ax. D).

A ne considérer l'épreuve à laquelle les cinq secteurs courbes
de 60 degrés viennent de soumettre le triangle concave, que
sous le rapport des lignes qui les renferment, je dirai que
le point I d'intersection est un point donné, par le rapport
absolu qui règne entre le secteur de 60 degrés et le triangle
concave, et que le triangle équilatéral de 20 degrés BIH est
un résultat nécessaire de cette loi.

Pour soumettre le triangle convexe MON (fig. 12) à l'épreuve
des mêmes secteurs, après avoir construit sur le côté MO de
ce triangle, cinq secteurs courbes de 60 degrés, comme dans
la figure précédente, l'arc OTV du cinquième secteur rentrera
dans le triangle convexe, et rencontrera la circonférence au
point V, qui sera séparé du point N par un arc de 20 degrés. Ceci est clair, nous avons adopté l'ancienne division de
la circonférence en 360 degrés. Le triangle convexe occupant
80 degrés, et les 5 secteurs en occupant 300, ensemble 380,
les deux arcs OV, ON doivent se dépasser nécessairement de
20 degrés sur la circonférence, et par conséquent l'arc VN ne
peut être qu'un arc de 20 degrés.

Donc, le triangle VTN est un triangle équilatéral de 20
degrés (10).

Nous dirons de cette rencontre, à l'égard du triangle convexe, ce que nous avons dit à l'égard du triangle concave:
que le triangle équilatéral de 20 degrés est un résultat nécessaire du rapport absolu qui règne entre le triangle convexe
et le secteur de 60 degrés.

12 — Donc, le triangle équilatéral de 20 degrés est le résultat nécessaire du rapport absolu qui règne entre le secteur
de 60 degrés et les deux triangles concave et convexe.

Ces deux épreuves, ainsi que tout ce qui précède et qui
va suivre, se basent sur le principe invariable du symbole de la
quadrature du cercle, sans lequel tout raisonnement serait sans
fondement ou sans appui. Le cercle veut être divisé en 6 et
en 18 parties égales; ce sont les rapports qu'il a avec son
rayon qui le démontrent mieux que le raisonnement des
hommes. Car, dans le symbole de la quadrature, le cercle
ABCDEF se trouve aussi divisé en 6 parties égales : et à ne
considérer que les 6 secteurs courbes de 60 degrés, tels que
OKBLAG, ce cercle se trouvera exactement divisé en 6 parties
égales, de même que celui de la figure 9 (voy. art. 9).

Dans le symbole de la quadrature du cercle se puise encore la
figure 13 qui, sans autres explications, représente 12 divisions
ou figures A, B, C, D, E, F, G, H, I, K, L, M, dont la
surface de chacune sera exactement appréciée dans la suite de
nos opérations.

Les lemmes qui vont précéder la proposition article 14, d'où
doivent découler les principes qui vont éclairer, suivant toutes
les rigueurs, le problème dont il s'agit, exigent une attention soutenue.

Si par le point Q, supposé le milieu de l'arc de 60 degrés
NP, je mène au centre la droite QO, cette ligne sera la tangente de l'arc OSP, au point O (7), et formera avec cet arc
et celui de 30 degrés QP, le triangle QOSP qui sera un triangle mextiligne ou demi-triangle équilatéral de 60 degrés.

Je suppose actuellement que l'arc OSP pivote autour du centre
du cercle vers la droite tandis que l'arc OTP restera fixe. Si je

l'arrête dans les premiers mouvements de sa révolution représentée par la figure (14), par exemple au point D, lorsqu'il n'aura parcouru que 10 degrés sur la circonférence, il
sera sensible que le triangle équilatéral de 10 degrés ABD
aura une surface moins grande que la surface comprise entre
les deux arcs de 50 degrés BGC, CEB qui égale deux segments de 50 degrés.

Si maintenant, dans cette même figure 14, je rétablis le
mouvement de l'arc que je viens d'arrêter, et qu'après avoir
marqué les traces de sa révolution, de 10 en 10 degrés sur
la circonférence du cercle, je l'arrête de nouveau au point F,
supposé distant du point A de 40 degrés, il sera également
visible que la surface du triangle équilatéral de 40 degrés
AEF sera plus grande que la surface comprise entre les deux
arcs CNE COE qui égale deux segments de 20 degrés.

On conçoit que cette différence de grandeurs, entre le triangle équilatéral et la surface comprise entre les deux parties
correspondantes des arcs, serait encore plus sensible, si l'arc
mobile eût été arrêté avant qu'il eût parcouru 10 degrés en premier
lieu, et en second lieu, après qu'il en eût parcouru plus de 40.

En comparant la révolution de cet arc, aux surfaces dont
nous venons de signaler l'inégalité, je dis que le triangle
équilatéral de 10 degrés ABD est plus petit que la surface
renfermée par les deux portions d'arcs correspondants BGC,
CEB de 50 degrés, parce que le point d'intersection B est
trop près de la circonférence. Par la raison inverse, je dirai
que le triangle équilatéral de 40 degrés AEF, est plus grand
que les deux segments de 20 degrés compris entre les deux
arcs ou portions correspondantes CNE, COE, parce que le
point d'intersection E, des deux arcs AEC, FEC, est trop
éloigné de la circonférence. Cela est évident.

Or, d'après ces observations, le point où les arcs doivent se
croiser, pour produire le triangle équilatéral égal à la surface
correspondante comprise entre les parties concaves des arcs, sera
évidemment entre le point B et le point E.

C'est dans la théorie des arcs combinée avec la tangente, que nous trouverons bientôt les moyens de déterminer exactement le point d'intersection qui doit fixer l'égalité de ces deux surfaces.

La surface comprise entre les deux arcs AMC, CEA, figure construite sur le principe du symbole de la quadrature, égale deux segments de 60 degrés (ƌ). Dans la première période de son mouvement, l'arc AMC qui a pivoté vers la droite, ayant parcouru 10 degrés sur la circonférence, renferme dans cette nouvelle position avec l'arc fixe AEC deux surfaces. L'une ABD, triangle équilatéral de 10 degrés; et l'autre BECGB, surface égale à deux segments de 50 degrés (nous désignerons, au besoin, les surfaces de cette dernière espèce par le nom de *segments correspondants.*)

Le triangle ABD, qui est produit par la révolution de l'arc AMC, arc supposé en place de l'arc CGD, étant évidemment plus petit que le triangle AMCGBA, dont la surface AMCEA égale à deux segments de 60 degrés (ƌ), ou, pour abréger, dont les deux segments de 60 degrés AMCEA se trouvent diminués: il suit que, par la première période de cette révolution de 10 degrés, la somme des deux surfaces ABD, BGCEB que les deux arcs DGC, arc mobile et CEA, arc fixe, comprennent actuellement entre eux, est moins grande que celle qu'ils renfermaient auparavant. C'est-à-dire, moins grande que les deux segments de 60 degrés AMCEA qu'ils renfermaient, lorsque l'arc DGC occupait la place de l'arc AMC. Dans la première période de son mouvement de 10 degrés, l'arc mobile a donc réduit la surface qu'il renfermait avec l'arc fixe, avant qu'il eût effectué ce mouvement.

En considérant la quatrième période HF de l'arc mobile par rapport à l'arc fixe, indiquée sur l'arc de cercle parcouru AE, je dirai, au contraire, que dans cette dernière période la surface du quadrilatère HKEF, étant évidemment plus grande que le triangle KCNEK, la révolution de l'arc mobile a augmenté, dans cette période, la somme des deux surfaces qu'il renfermait avec l'arc

fixe dans la période précédente ou période III. Je veux dire
que le triangle AEF , plus les deux segments de 20 degrés ren-
fermés entre les portions d'arcs CNE , COE , ont ensemble une
surface plus grande que la somme des surfaces AKH , CKE , ces
deux dernières produites par la troisième période de la révolution de l'arc mobile.

On voit par ces deux remarques que , dans sa révolution,
l'arc mobile diminue d'abord la somme des surfaces qu'il renfermait avec l'arc fixe , jusqu'à ce qu'il ait atteint sur la circonférence, un certain point que nous ne connaissons pas encore,
et que pendant les premiers mouvements de cette révolution ,
le triangle équilatéral qui s'en trouve engendré , est plus petit
que les segments correspondants , tandis que passé ce point ,
que nous ne connaissons pas , et lorsque la somme de ces deux
surfaces va au contraire dans le sens croissant , le triangle équilatéral devient plus grand que les segments correspondants.

15 — On peut donc tirer de la révolution de cet arc: tant que la
somme des surfaces comprises entre l'arc mobile et l'arc fixe sera décroissante , le triangle équilatéral sera plus petit que la surface des segments correspondants. Et par la raison inverse ,
tant que la somme de ces mêmes surfaces sera croissante ,
le triangle équilatéral sera plus grand que les deux segments
correspondants. D'où suit cette conséquence que ce n'est que ,
réduites à la moindre quantité dont elles sont susceptibles ensemble , que ces deux surfaces seront exactement égales l'une
à l'autre,

Cette vérité va devenir frappante dans les explications qui
vont suivre. Pour ne me servir que de la même figure , je
suppose l'arc de cercle de 40 degrés AF divisé en 40 parties
ou périodes égales et aussitôt l'arc mobile mis en mouvement
vers sa droite ; si je l'arrête un instant à chaque période , il
est aisé de voir que , dans la première , il aura engendré un
triangle équilatéral d'un degré adjacent à la circonférence et
deux segments correspondants de 59 degrés aboutissants au

centre , parce que l'arc mobile et l'arc fixe sont chacun de 60 degrés (ax. D). Dans la seconde période , il aura engendré un triangle équilatéral de 2 degrés et deux segments correspondants de 58 degrés ; dans la troisième , il aura engendré un triangle équilatéral de 3 degrés et deux segments correspondants de 57 degrés , ainsi des autres.

Dans cette révolution de l'arc mobile , le triangle équilatéral grandit donc sans cesse à chaque pas et grandit d'un degré à chaque période , tandis que les segments correspondants diminuent sans cesse à chaque pas et diminuent chacun d'un degré, à chaque période.

Or, dans la première période , le triangle équilatéral d'un degré serait incontestablement plus petit que les segments correspondants de 59 degrés ; en premier lieu , puisqu'il pourrait entrer un grand nombre de fois dans la surface de ces deux segments ; et en second lieu , dans la 40me période , le triangle équilatéral de 40 degrés serait incontestablement plus grand que les segments correspondants de 20 degrés puisque ceux-ci pourraient entrer un grand nombre de fois dans le triangle.

D'une part , nous venons de montrer que les surfaces du triangle équilatéral et des segments correspondants varient sans cesse à l'égard l'une de l'autre pendant la révolution de l'arc mobile. Et d'une autre part , le triangle équilatéral est incontestablement plus petit que les segments correspondants dans la première période , tandis que dans la 40me il est incontestablement plus grand.

13 bis — Donc , d'après ces raisons , il faut conclure qu'il n'est qu'un seul point que l'arc mobile rencontre sur l'arc de cercle , dans sa révolution , où le triangle équilatéral et les segments correspondants seront égaux.

Pour reconnaître la position de ce point , nous récapitulons ce qui vient d'être dit. Nous venons de faire voir que dans les premiers mouvements de l'arc mobile vers la droite , le triangle équilatéral est plus petit que les segments correspondants , et que ce triangle grandit sans cesse tandis que les segments

correspondants décroissent sans cesse. Nous avons semblablement fait voir dans l'article précédent que dans les premiers
mouvements de l'arc mobile, la somme des surfaces du triangle
équilatéral et des segments correspondants diminue, tandis qu'elle
augmente dans les dernières périodes.

Ne considérons maintenant ici la révolution de l'arc mobile,
vers la droite, que pendant que la somme des surfaces du triangle et des segments diminue. Il est clair que si j'avais actuellement un moyen pour reconnaître la période dans laquelle la
somme de ces deux surfaces sera réduite à sa plus petite valeur, cette question ne présenterait pas de difficulté; j'arrêterais l'arc mobile au moment où la somme de ces deux surfaces cesse de diminuer et avant qu'elle augmente, et je pourrais dire, à ce point d'arrêt, voilà le terme de la révolution
décroissante.

Actuellement je suppose l'arc mobile à la 40me période.
Je dis à la 40me période parce que je raisonne sur la
figure 14 et que si j'avais construit une nouvelle figure, j'aurais supposé l'arc mobile à la 60me période, le triangle équilatéral pouvant se construire jusqu'à 60 degrés et les segments
correspondants cessant d'être engendrés à cette période. Je
reprends.

Actuellement je suppose l'arc mobile à la 40me période, son extrémité appuyée au point F et rétrogradant vers la gauche.
Or dans cette contre-révolution, le triangle équilatéral de 40
degrés AEF étant plus grand que les deux segments correspondants de 20 degrés CE, il est clair d'après ce qui a été dit à
l'égard des dernières périodes (12) que, dans ses premiers
mouvements rétrogrades, l'arc mobile réduira la somme de ces
deux surfaces, et que pendant cette réduction, le triangle
équilatéral deviendra sans cesse plus petit et les segments correspondants deviendront au contraire sans cesse plus grands.
Si je ne considérais cette contre-révolution de l'arc mobile
que pendant que la somme des surfaces du triangle équilatéral
et des segments correspondants diminue et que je connusse,

5

comme je viens de le dire plus haut, le point où ces deux surfaces seraient réduites ensemble à leur plus petite valeur ; j'arrêterais encore ici l'arc mobile au moment où leur somme cesse de diminuer et avant qu'elle augmente ; et je pourrais dire, voilà le terme de la contre-révolution décroissante. Or, puisque ce point d'arrêt serait le minimum de la somme des surfaces du triangle équilatéral et des segments correspondants, autrement dit, des surfaces en question, il sera évidemment le même dans la révolution décroissante de gauche à droite que dans la contre-révolution décroissante de droite à gauche. De cette conséquence nous allons faire le principe suivant.

15 ter — Donc, il n'est qu'un seul point que l'arc mobile rencontre sur l'arc de cercle qu'il parcourt dans sa révolution, où la somme des surfaces en question sera réduite à sa plus petite valeur. J'appelle ce point *point minima*.

Nous avons démontré (15 bis) qu'il n'est non plus qu'un seul point où le triangle équilatéral égalera les segments correspondants. J'appelle ce point *point d'équation*.

Cela posé, pour qu'il soit démontré que le triangle équilatéral égalera les segments correspondants, lorsque la somme de leurs surfaces sera réduite à sa plus petite valeur, il est clair qu'il ne reste plus qu'à prouver que les points minima et d'équation ne sont qu'un même point. (Ecoutons bien ceci).

En effet, si le point d'équation ne tombait pas sur le point minima, il tomberait nécessairement de chaque côté de ce point; car, en premier lieu, si dans la révolution décroissante le point d'équation était rencontré par l'arc mobile, avant que celui-ci ne fût parvenu au point minima, le point d'équation se serait présenté pendant que la somme des surfaces en question serait encore susceptible de décroître, et par conséquent il se présenterait aussi dans la contre-révolution pendant que la somme de ces mêmes surfaces en question serait aussi susceptible de décroître.

En second lieu, si l'arc mobile, dans la révolution, dépassait le point minima pour atteindre le point d'équation, dans la contre-révolution, il faudrait que l'arc mobile le dépassât aussi pour atteindre le même point d'équation. Autrement dit, si le point d'équation ne se trouvait pas sur le point minima, il ne pourrait évidemment se trouver que sur quelqu'un des points où la somme des surfaces en question serait plus grande que le minimum. Or, ces grandeurs qui seraient douteuses dans la question actuelle se trouvent toutes également de chaque côté du point minima ; cela est évident ; et par conséquent le point d'équation se trouverait de chaque côté du point minima.

Donc, si le point d'équation ne se trouvait pas sur le point minima il se trouverait nécessairement sur chacun de ses côtés. D'où il s'ensuivrait que l'arc mobile rencontrerait deux points d'équation sur l'arc de cercle. Ce qui serait absurde suivant le principe (13 bis).

Donc, il faut conclure en toute rigueur que lorsque la somme des surfaces du triangle et des segments, engendrés par l'arc mobile, l'arc fixe et l'arc de cercle compris entre eux, sera réduite à sa plus petite valeur, le triangle équilatéral égalera les segments correspondants.

D'après ces éclaircissements, on voit que pour prouver dans quelle période le triangle équilatéral égalera les deux segments correspondants, il ne s'agit plus que de surprendre l'arc mobile, dans sa révolution, au moment où il réduit la somme de ces deux surfaces à sa plus petite valeur. Les opérations synthétiques qui vont suivre rendront compte de cette question.

L'arc AE supposé de 10 degrés (fig. 13), sur ses deux extrémités, je fais appuyer les deux arcs ABC, CDE ; je mène la ligne FC tangente à l'arc EDC, suivant la construction de la figure 4, qui donnera le triangle mixtiligne FCDE, formé par l'arc de 60 degrés CDE, par la tangente CF et par l'arc de 50 degrés FE (7). Au point A, je fais enfin aboutir l'arc AIC qui renfermera avec l'arc CBA deux segments de 60 degrés, ou une division du symbole de la quadrature.

De la construction de cette figure et des connues qu'elle présente, il va suivre que l'arc FE étant de 30 degrés, et sa partie AE étant de 10, l'autre partie FA sera de 20, et par conséquent (11), l'arc AI sera de 40 degrés et l'arc IC sera de 20.

Dans cet état actuel d'opération, au lieu de faire tourner l'arc CDE tout seul, autour du centre, comme précédemment, je suppose que ce soit le demi-triangle équilatéral de 60 degrés, ou triangle mixtiligne FCDE qui tourne, tandis que les deux arcs AIC, CBA resteront en place. C'est dans la révolution de ce triangle que va se montrer d'une manière frappante le point d'intersection des deux arcs, qui doit établir l'équation entre la surface du triangle équilatéral et celle des deux segments correspondants.

14 — PROPOSITION. Le triangle équilatéral curviligne de 20 degrés égale la surface des deux segments correspondants de 40 degrés. (La quadrature qui dépend de cette proposition demande un esprit attentif).

En effet, dans l'expression actuelle de cette figure 15, le triangle équilatéral de 10 degrés AHE est évidemment plus petit que la surface des deux segments de 50 degrés CDHB, et il est semblablement évident que le triangle FIA, qui est la moitié d'un triangle équilatéral de 40 degrés (11), est plus grand que le segment de 20 degrés ICK.

En faisant pivoter le triangle FCDE sur le centre vers la droite, il est aisé de voir que le point H d'intersection des deux arcs ABC, CDE s'éloignera de la circonférence, en même temps que le point I d'intersection de la tangente et de l'arc CIA s'en rapprochera.

Dans cette révolution du triangle FCDE, la tangente FC opère l'arc CIA, dans le sens inverse que l'arc CDE opère l'arc CBA, mais dans une proportion double de celle de cet arc. Je veux dire que si je faisais avancer de 5 degrés par exemple le triangle mobile vers la droite, les trois arcs AE, AH, HE, qui sont chacun de 10 degrés, deviendraient chacun de 15 degrés (10) et l'arc AI qui, est de 40 degrés deviendrait un arc de 50 degrés. Car, l'arc de 20 degrés FA qui serait réduit à 15 degrés, l'arc AI qui est toujours double de cet arc (11) ne serait plus que de 30 degrés, et par conséquent, le point I serait plus près de 10 degrés, de la circonférence, qu'il ne l'est actuellement, tandis que le point H ne s'en serait éloigné que de 5.

D'où il suit que dans chaque mouvement du triangle mobile, l'arc opéré par la tangente gagne ou perd toujours, en longueur, le double que chacun des arcs du triangle équilatéral.

Ainsi dans cette révolution du triangle mobile vers la droite, la tangente ainsi que l'arc CDE tendront, suivant leurs lois particulières, la tangente, à grandir le segment CIK, en même temps qu'elle réduira le demi-triangle équilatéral FIA; et l'arc CDE tendra à grandir le triangle équilatéral AHE, en même temps qu'il réduira les deux segments correspondants CDHB.

Toute l'étendue que peut parcourir le triangle, pour opérer les deux arcs CIA, ABC, se borne, d'après la construction de cette figure, à l'arc de 20 degrés FA. Car, si l'on suppose que le point F viendrait rencontrer le point A, dans ce cas, la tangente n'opérerait plus l'arc CIA.

Or, dans toute la révolution où le triangle mobile est susceptible d'opérer ces deux arcs, il est un seul point où se trouve cette remarquable rencontre, que la tangente et l'arc CDE se croisent avec les deux arcs AIC, ABC, exactement en même temps, à des points semblablement situés, et ces deux points ne se présentent, dans la révolution du triangle mobile, qu'au moment où l'arc AE devient un arc de 20 degrés : c'est-à-dire, lorsque les deux arcs qui se croisent renferment, entre eux, un arc de cercle égal à la dix-huitième partie de sa circonférence, division inspirée par le symbole de la quadrature.

En représentant le résultat de ce raisonnement par la figure (16), on voit que l'arc NP étant supposé de 20 degrés, les arcs NM, MP seront chacun de 20 degrés (10); l'arc RN sera de 10 degrés, l'arc SN sera de 20 degrés (11), et par conséquent ce dernier arc égalera chacun des arcs NM, MP, NP.

Nous avons fait voir (fig. 15) que la tangente, ou côté FC du triangle mobile, opère l'arc CIA en raison double, et que le côté ou arc CDE opère l'arc CBA en raison simple. Il est clair que si le triangle équilatéral NMP (fig. 16), supposé de 20 degrés, était plus grand que les deux segments correspondants de 40 degrés OMA, OMB, les moitiés étant comme les entiers, le triangle RSN qui égale la moitié du triangle NMP (11), serait aussi de sa part plus grand que le segment correspondant de 40 degrés OSC, qui égale la moitié de la surface comprise entre les deux arcs OAM, OBM.

Comment concevoir maintenant qu'il soit possible de réduire le triangle équilatéral NMP, en faisant rétrograder le triangle mobile, sans augmenter en même temps le demi-triangle RSN. En un mot, comment toucher à ce triangle sans troubler l'ordre qu'il vient d'établir?

Ni ce triangle mobile, qui est un demi-triangle équilatéral de 60 degrés, ni la surface comprise entre les deux arcs OCN, OBN, égale à deux segments de 60 degrés, ne sont point deux figures de convention formées en vue des propriétés qu'elles montrent. Elles sont données par la division invariable et naturelle au cercle, opéré par son rayon, et représentées par la figure 15, qui est, elle-même, tirée du symbole de la quadrature.

Ces deux figures, qui se présentent naturellement sous les pointes du compas, se comparent ensemble par le mouvement que nous avons imprimé au demi-triangle équilatéral de 60 degrés; et, dans ce mouvement, comme un instrument sensible, la tangente vient avertir par son point d'intersection avec l'arc qu'elle opère, que la dix-huitième partie de l'arc de cercle, autrement dit l'arc de 20 degrés, est seul l'arc de l'équation. C'est-à-dire que ce point d'intersection est le seul qui donne l'arc SN (fig. 16) égal à chacun des arcs NM, NP,

MP , et qui donne en même - temps l'arc OCS , égal à chacun des arcs OAM , OBM.

Cette remarquable rencontre , qui était plus cachée , est aussi exacte et de la même nature que la rencontre de la circonférence avec le rayon , lorsqu'en la parcourant , celui - ci la divise en 6 parties égales.

Par les articles 12 et 13 , il a été prouvé que ce n'est que réduits à la plus petite quantité dont le triangle équilatéral et les segments correspondants sont susceptibles ensemble, que ces deux surfaces seront égales l'une à l'autre ; ou comme expression plus claire , le triangle équilatéral et les segments correspondants , compris entre l'arc mobile et l'arc fixe , seront égaux entre eux , lorsque la somme de leurs surfaces sera réduite , par la révolution de l'arc mobile , à la plus petite quantité dont elle est susceptible.

Cela posé , on voit que pour qu'il soit démontré que le triangle équilatéral égale les segments correspondants , il faut prouver que la somme de leurs surfaces NMP , OAMB , est réduite à sa plus petite valeur dans la figure 16 , qui vient de donner l'arc de l'équation.

Pour faire cette preuve, disons avant tout que, si deux figures quelconques sont construites l'une sur l'autre , la partie de la surface de l'une qui sera superposée à la partie de la surface de l'autre , sera ce qu'on appelle la partie commune , et les parties des surfaces qui ne seront point superposées , nous les nommerons parties ou *surfaces particulières*.

15 — D'où l'on tire que lorsque deux figures sont superposées , à mesure que la partie commune sera plus grande , les surfaces particulières seront plus petites , et l'inverse aura lieu à mesure que la partie commune sera plus petite. Cela est évident.

De la position du triangle mobile ROP à l'égard des deux segments de 60 degrés ou figure de même valeur NCOBN, il suit que la surface NSOAMN est la partie commune , et que les figures en question RSN , SOC , NMP et MBOAM sont les

surfaces particulières. Or, si je prouve que lorsque le triangle mobile donne l'arc de l'équation, la partie commune est à
son maximum, j'aurai démontré (15) que la somme des surfaces particulières ou surfaces en question sera à son minimum.

En faisant tourner le triangle ROAP vers la droite, il est
aisé de voir, ainsi que nous l'avons déjà fait remarquer (14),
que le point d'intersection S se rapprocherait de la circonférence, en même temps que le point M s'en éloignerait.

Dans cette supposition de mouvement, il est clair que la
surface que perdrait la partie commune, par la révolution de la
tangente RO, serait plus grande que la surface qu'elle gagne-
rait par la révolution de l'arc OAP, attendu que la partie
OS, de la tangente, s'allongerait et retrancherait par là plus
de surface à la partie commune, que ne lui en restituerait
l'arc OAM, qui se raccourcirait. Cela encore est sensiblement
vrai, en voici d'ailleurs la démonstration.

La figure (16 bis), construite sur le même principe que
la figure 16, représente, par la tangente HO et l'arc OI
ponctués, le mouvement opéré par le triangle mobile vers la
droite. Après avoir fait passer par les deux points d'intersection S, M, la circonférence concentrique SFK, je dis que
le triangle SOD, dont la partie commune va se trouver diminuée, est plus grand que le triangle MOE dont elle va se
trouver augmentée.

En effet, le secteur SOG est égal au secteur courbe MOF
(9), mais par la révolution de la tangente, le triangle SOD,
dont la partie commune se trouve diminuée, est plus grand
que le secteur SOG, de toute la partie SGD, tandis que le
triangle MOE, dont la partie commune se trouve augmentée,
est au contraire moins grand que le secteur courbe MOF, de
toute la partie MEF. Les deux secteurs SOG, MOF étant égaux,
la surface SOD qu'aurait perdue la partie commune, par cette
révolution du triangle mobile vers la droite, serait donc plus
grande que la surface MOE, qu'elle aurait gagnée, d'une quantité égale à la somme des deux triangles SGD, EMF.

On démontrerait par le même moyen, en construisant une autre figure, que la partie commune se trouverait diminuée d'une quantité relative, si au lieu d'avoir pivoté vers la droite, le triangle mobile eût au contraire pivoté vers la gauche.

On ne saurait donc faire mouvoir le triangle mobile sans que la partie commune perdit de sa valeur, d'où il suit qu'il n'existe que le seul cas, de la figure 16, où la partie commune puisse être à son maximum, et par conséquent (13); qu'il n'existe non plus que ce seul cas où la somme des surfaces particulières puisse être à son minimum. Deuxième preuve, à l'appui de l'article 13, que le *point minima* ne peut se trouver que sur un seul point.

Par cette démonstration, les 4 surfaces RSN, OSC, NMP et OAMBO de la figure 16, qui sont les *surfaces particulières* ont donc leur somme réduite à sa plus petite valeur.

Nous avons démontré (14) que le triangle RSN est un *demi-triangle équilatéral de 20 degrés*, égal à la moitié du *triangle équilatéral de 20 degrés* NMP, et que le segment OSC égale chacun des segments OMA, OMB, et par conséquent, égale la moitié de la moitié de la surface comprise entre les deux arcs OAM, OBM.

Nous avons semblablement démontré (15) que le triangle équilatéral NMP et les segments correspondants OAMBO seront égaux, lorsque ces deux surfaces auront leur somme réduite à sa plus petite valeur, et que cette somme ne peut avoir qu'un *point minima* qui est le même que le *point d'équation*, d'où l'on peut tirer actuellement l'axiome suivant.

Deux grandeurs étant données ainsi qu'une moitié de chacune d'elles, c'est-à-dire deux autres grandeurs égales et semblables à ces moitiés, ensemble quatre grandeurs, si les entiers sont égaux entre eux lorsque leur somme est réduite à sa plus petite valeur, il est évident que lorsque ces 4 grandeurs auront leur somme réduite à sa plus petite valeur, les entiers seront égaux entre eux et leurs moitiés le seront aussi.

6

Donc, dans la figure 16, les entiers sont égaux entre eux
ainsi que leurs moitiés puisque la somme de ces 4 grandeurs
s'y trouve réduite à sa plus petite valeur.

Donc le triangle équilatéral de 20 degrés NMP égale les deux
segments correspondants de 40 degrés OAMBO. De toutes ces
preuves on peut tirer le principe suivant.

Deux arcs qui se croiseront dans un cercle, qui aboutiront
de la circonférence au centre, qui seront décrits par des rayons
égaux à celui du cercle de deux points quelconques de la circonférence comme centres, leurs parties comprises entre le point
de leur intersection et la circonférence, engendreront toujours,
avec l'arc de cercle compris entre elles, un triangle à côtés
égaux qui égalera la surface comprise entre les concavités des
deux autres portions d'arcs, lorsque l'arc de cercle sera de 20
degrés ou égal à la dix-huitième partie de la circonférence.

Arrêtons-nous un instant pour écouter les géométries sur
la question de la quadrature du cercle. Suivant les géométries
modernes en général, un géomètre aurait dérogé, en cherchant
sérieusement la quadrature du cercle, et il aurait même manqué
d'instruction s'il eût cru cette œuvre accessible au génie de
l'homme. Voici ce qui nous en fournit la preuve.

« Jusqu'à présent, dit Legendre, (Pages 122 et 123) on n'a
» pu déterminer le rapport du diamètre à la circonférence que
» d'une manière approchée ; mais l'approximation a été poussée
» si loin que la connaissance du rapport exact n'aurait aucun
» avantage réel sur celle du rapport approché. Ainsi cette ques-
» tion qui a beaucoup occupé les géomètres lorsque les mé-
» thodes d'approximation étaient moins connues, est mainte-
» nant reléguée parmi les questions oiseuses dont il n'est per-
» mis de s'occuper qu'à ceux qui ont à peine les premières no-
» tions de la géométrie. »

Avant de terminer, il rend justice au rapport approché d'Archimède en disant qu'il est fort en usage ; et après avoir parlé
des différents autres rapports approchés, il termine ainsi :

« Il est évident qu'une telle approximation équivaut à la vé-

» rité et qu'on ne connaît pas mieux les racines des puissan-
» ces imparfaites. »

Ecoutons maintenant Bossut qui est encore plus positif sur le
même sujet.

« La surface du cercle, dit-il (page 107), étant égale à la
» moitié du produit de sa circonférence par le rayon, elle sera
» égale à celle d'un carré qui aurait pour côté la moyenne
» proportionnelle entre le demi-rayon et la circonférence, ou
» entre le rayon et la demi-circonférence. Cette moyenne pro-
» portionnelle se trouverait sans difficulté si on avait la valeur
» exacte de la circonférence, et alors on résoudrait le pro-
» blème de la quadrature du cercle, qui consiste à faire un
» carré égal en surface au cercle. Mais la circonférence ne peut
» se trouver que par approximation. Ainsi le problème de la
» quadrature du cercle n'est pas susceptible d'une solution
» rigoureuse. »

Ce langage de ces deux géométries du premier ordre, qui
trouve son écho parmi les géomètres modernes, atteste qu'ils
ont généralement considéré le cercle comme une puissance imparfaite. Or cette opinion est encore une erreur qui découle de
celles qui se trouvent signalées à la suite de l'article 15; car,
nous ferons d'autant mieux reconnaître que le cercle est au contraire une puissance parfaite, que sa racine carré sera nécessairement le côté du carré qui lui sera égal. D'après ces cita-
tions, les géomètres modernes déclarèrent le cercle une puissance imparfaite et sa quadrature introuvable. Or, cette question qui était déjà décourageante par sa renommée reçut le coup
mortel de leurs propres mains. Il n'est donc pas surprenant
que la quadrature du cercle n'ait pas encore été trouvée, puisque les anciens philosophes la cherchèrent là où elle n'était
pas et que les modernes ne l'ont point cherchée du tout. On
ne ressuscite point par les moyens ordinaires. Aussi, pour ex-
humer cette question, s'il ne fallait pas en imposer d'abord
à l'ironie ou réveiller l'indifférence, que fallait-il faire au milieu du préjugé qui l'entoure, pour la ranimer et lui attirer

un premier regard ? . . . . Là réponse à cette observation
jngera si le titre et la fin de l'avant-propos de ce mémoire doivent
être imputés à l'orgueil.

Qu'a-t-on montré depuis Archimède sur la question de la
quadrature du cercle ? Rien, si ce n'est de la patience dans
le calcul des décimales d'un ordre plus nombreux sur le rapport approché du diamètre à la circonférence ; et encore le
rapport approché d'Archimède est-il préféré à tout autre quand
il s'agit d'application. Mais comme il est naturel au savoir de
se mettre au-dessus des difficultés, le langage des géomètries
sur la quadrature du cercle est d'autant moins surprenant,
qu'il se trouve là pour leurs auteurs, sinon comme la sauve-
garde de leur ironie, du moins comme une espèce de con-
solation mutuelle en dédommageant de la résistance de la question.

Nous avons fait voir (8) que le segment égale le secteur
de 10 degrés, et nous avons dit, à l'égard de cette proposition, qu'elle suffirait pour résoudre celle qui fait l'objet de
ce mémoire. Nous pouvons semblablement ajouter ici que l'égalité parfaite qui règne entre le triangle équilatéral de 20 degrés et les deux segments de 40 degrés, proposition éclairée
suivant toutes les rigueurs (12, 13, 14 et 15), suffirait aussi
de sa part, ainsi que cela a été dit, pour porter l'évidence
complète sur la solution du problème.

Ce qui est vrai pouvant être parfois prouvé par une foule
de moyens, nous dirons en revenant à la proposition (8)
que nous avons avancée, que si elle paraissait incertaine ou
faiblement prouvée, plusieurs démonstrations nous conduiraient
à l'éclairer encore, parmi lesquelles nous allons expliquer celle-ci.

16 — Le segment de 60 degrés égale le secteur de 10
degrés.

Indépendamment de la preuve déjà donnée (8), nous repré-
sentons le segment par le secteur de 10 degrés ; et nous dirons encore ici, à l'égard de cette supposition que le segment
ainsi représenté dans les opérations qui vont suivre ; devant
être seul comparé à des quantités connues, par rapport à l'arc

de cercle, sera par conséquent la seule inconnue qu'il s'agira de trouver.

Avant tout, donnons un aperçu de la condition que, dans certains cas, doit remplir le rayon qui partage en deux parties égales le secteur de 60 degrés. Le point I (fig. 17), est par hypothèse le milieu de l'arc AIB. Après avoir, sur les trois points A, I, B, tiré les trois rayons CA, CI, CB, nous aurons le secteur de 60 degrés ACB, divisé en deux parties égales par le rayon CI. L'arc AI étant par conséquent un arc de 30 degrés, je le divise en trois arcs de 10 degrés chacun ou supposés tels, et je porte une de ces divisions du point A au point M.

Après avoir, sur ce point M, mené le rayon CM, ce dernier rayon formera avec le rayon CA et l'arc AM compris entre eux, le secteur de 10 degrés ACM ; si je transporte ce petit secteur, de la gauche à la droite du grand, et tel qu'on le voit représenté par le secteur BCN, il est évident que le nouveau secteur formé par les rayons ponctués MC, CN sera exactement égal au premier secteur ACB, mais il est tout aussi évident que le rayon CI ne partagera plus, en deux parties égales, le nouveau secteur MCN, parce que l'arc MI se trouvant réduit à 20 degrés, l'arc IN sera devenu un arc de 40 degrés.

On voit donc que pour diviser le nouveau secteur MCN, en deux parties égales, il ne s'agit plus que de faire avancer de 10 degrés vers la droite, le rayon CI qui par ce mouvement, se confondra avec le rayon CL. Alors l'arc MI reprendra sur l'arc IN les 10 degrés qu'il a perdus, tandis que l'arc IN s'en trouvera diminué.

17 — Ainsi, on peut donc dire que si sur un des côtés d'un secteur de 60 degrés, on retranche un secteur de 10 degrés pour le transporter sur l'autre côté, le rayon qui partageait en deux parties égales le premier secteur devra avancer de 10 degrés vers le côté augmenté, afin de conserver sa première propriété de partage.

Dans la figure (18), le secteur de 60 degrés GIC , formé par des rayons ponctués , est divisé au point B en deux parties égales par le rayon CB ; sur ce secteur , au lieu de pratiquer l'opération qui précède immédiatement , avec une ouverture de compas égale au rayon du cercle , et du point F , de la circonférence , éloigné du point G , d'une corde de 60 degrés je décris l'arc CDG qui ne rencontrera le rayon CB que par un point au centre du cercle (7), cet arc formera , avec le rayon CG , le segment de 60 degrés CGD.

Si je transporte ce segment , de la gauche à la droite du secteur de 60 degrés et tel qn'il s'y trouve représenté , alors j'aurai le triangle curviligne GDCEI qui sera égal au secteur de 60 degrés GCI (9). Mais le rayon CB ne partagera pas , en deux parties égales , le nouveau secteur courbe de 60 degrés GDCEI.

En vertu de la supposition que le secteur de 10 degrés égale le segment , j'avance de 10 degrés vers la droite le rayon CB , qui se confondra avec le rayon CA , et ce dernier rayon partagera en deux parties égales le triangle curviligne ou secteur courbe , ou bien la supposition serait absurde.

Or , on tire de cette construction que si la supposition est absurde , le point A ne serait pas celui où doit appuyer le rayon de partage (je sous entends le point où aboutirait le rayon qui partagerait la surface du secteur courbe en deux parties égales).

Ainsi que nous l'avons fait voir (17) , le triangle ACEI égale une moitié de triangle concave , parce que l'arc AI est un arc de 20 degrés , et le triangle GDCA égale une moitié de triangle convexe , parce que l'arc GA est un arc de 50 degrés.

Si je suppose le segment plus grand que le secteur de 10 degrés , le point où devrait appuyer le rayon , pour partager en deux parties égales le secteur courbe GDCEI , devrait être plus près du point I que ne l'est actuellement le point A. Si dans le cas contraire , le segment était plus petit que le secteur de 10 degrés , le point où devrait appuyer le rayon de partage devrait être plus éloigné du point I que ne l'est actuellement le point A.

Or, dans ces deux hypothèses, le rayon qui partagerait le secteur courbe GDCEI en deux parties égales aboutirait à la circonférence sur un autre point que le point A, d'où découleraient les conséquences suivantes.

Les propositions déjà démontrées ainsi que les principes incontestables de construction se trouveraient démentis. Car, c'est par le segment que nous avons établi des relations entre les triangles. C'est le segment qui a fondé cette proposition *que la moitié d'un triangle convexe plus trois segments égale le triangle concave* (5).

Or, la position du point A de partage, qui est ici subordonnée à la valeur du segment, décide évidemment la question. Car, si le point A était ailleurs que là où il est actuellement, l'arc AI ne serait plus un arc de 20 degrés, l'arc GA ne serait plus un arc de 40 degrés ; et par ce désordre, la proposition que nous venons de citer ne trouverait plus son application, et de plus, les autres propositions ainsi que les principes de construction dont il n'est pas permis de douter, se trouveraient méconnus et renversés.

Chaque triangle concave occupe un arc de cercle de 40 degrés (2).

Chaque triangle convexe occupe un arc de cercle de 80 degrés (3).

Le secteur de 40 degrés plus 2 segments égale le triangle concave (4).

Une moitié de triangle convexe plus 3 segments égale le triangle concave (5).

Une moitié de triangle concave plus une moitié de triangle convexe, égale le secteur de 60 degrés (dans ce dernier corollaire se trouvent sous entendus non pas seulement leur somme mais encore les individus). (Voyez art. 6).

Ces propositions et corollaires démontrés par le segment de 60 degrés, ainsi que les principes de construction, se trouveraient démentis par le segment lui même, s'il était supposé ou plus grand ou plus petit que le secteur de 10 degrés, ou en d'autres termes, dans l'une et dans l'autre hypothèse, le segment ne serait plus égal à lui même, ce qui ramène la question à cette nécessité : si le segment est plus grand ou plus petit que le secteur de 10 degrés, tous les principes de construction, corollaires et propositions précités seraient faux. Et si ces principes, corollaires et propositions sont vrais, le segment ne peut être ni plus grand ni plus petit que le secteur de 10 degrés.

Or, de ce que les lois de la vérité ne sont point assujéties aux caprices des suppositions, lorsqu'on les compare les unes avec les autres d'une part; et que d'une autre part, il n'est point permis de prétendre que les principes de construction et corollaires, ainsi que les propositions démontrées que nous venons de retracer, soient des principes, corollaires et propositions absurdes; il faut conclure, à *fortiori*, que le segment de 60 degrés égale le secteur de 10 degrés.

Maintenant qu'il est démontré certain que le segment égale le secteur de 10 degrés (8 et 16), et que le triangle équilatéral de 20 degrés égale deux segments de 40 degrés (12, 13, 14 et 15) toutes les difficultés sont levées. Et par l'usage que nous allons faire de ces deux propositions, chacune d'elles en particulier va prouver que l'exagone régulier inscrit au cercle égale les cinq sixièmes de sa surface; et de là, la quadrature absolue et rigoureuse du cercle, qui va s'en suivre, va se trouver résolue par deux propositions différentes.

Pour préparer leur application, construisons, sur le rayon de partage OI (fig. 19), un triangle concave BOC sur un triangle convexe AOD, de telle sorte qu'il se trouve de chaque côté du rayon une moitié de chaque triangle.

Le rayon OI, qui partagera en deux parties égales chacun de ces deux triangles, divisera par conséquent l'arc de 40 degrés BC (2), occupé par le triangle concave BOC, en deux parties égales, ou, ce qui revient au même, en deux arcs de 20 degrés chacun. Ce même rayon, qui divisera semblablement le triangle convexe AOD en deux parties égales, divisera par con-

séquent aussi l'arc de 80 degrés AID', occupé sur la circônfé-
rence par le triangle convexe (5), en deux arcs de 40 degrés
chacun. D'où il suit que les quatre arcs AB , BI , IC et CD
étant chacun de 20 degrés , le triangle AGB sera un triangle
équilatéral de 20 degrés , les deux segments correspondants
seront de 40 degrés , et le triangle CHD sera aussi un triangle
équilatéral de 20 degrés , ainsi que les deux segments OHL ,
OHM , correspondants à ce triangle , seront de 40 degrés
(10).

Cette rencontre, comme on le voit , vient s'accorder exactement avec celle que le triangle mobile a déjà opérée dans la
figure 16. Nous ferons remarquer encore, dans la figure (19),
que le triangle curviligne AGKOMHC égale le secteur de 60 degrés , parce que l'arc ABIC est un arc de 60 degrés (ax. D)
et que les arcs AKO , OMC sont décrits dans le même sens (9).

Or , une moitié de triangle concave , plus une moitié de triangle convexe, égale le secteur de 60 degrés (6). Les deux triangles IOMHC, IOKGA , qui égalent ensemble le secteur courbe de
60 degrés , égalent par conséquent ensemble une moitié de
triangle concave , plus une moitié de triangle convexe (6). Mais
l'arc IC est de 20 degrés , l'arc OMC est de 60 degrés, et la
ligne OI est un rayon. Donc , la surface renfermée par ces trois
lignes égale une moitié de triangle concave qui , construite
dans le même cercle , serait elle-même renfermée par des lignes
égales avec des angles égaux.

Le triangle AKOI, qui appuye sur un arc de 40 degrés , égale
le demi-triangle convexe par les mêmes raisons que nous
venons de donner à l'égard du demi-triangle concave.

18 — On peut donc dire que , par la construction symétrique d'un triangle concave sur un triangle convexe , partagés
chacun en deux parties égales par un même rayon, ce rayon
divisera le secteur courbe de 60 degrés , qui se trouve nécessairement engendré par cette construction en deux parties
dont l'une sera égale à la moitié d'un triangle concave , et
l'autre à une moitié de triangle convexe.

7

Il ne reste plus que peu de choses à dire pour terminer toute la question. En rétrogradant à la figure (15), je ferai observer que le triangle curviligne NROTP est un secteur courbe de 60 degrés. La surface comprise entre les deux arcs OSP, OTP égale la surface de deux segments de 60 degrés, et par conséquent elle égale celle d'un secteur de 20 degrés (8 et 16).

19 — Si du secteur courbe de 60 degrés NROTP, je retranche les deux segmens OPS, OPT qui égalent ensemble le secteur de 20 degrés, il est clair que la partie restante NROSP, qui occupe 60 degrés sur la circonférence, égalera un secteur de 40 degrés, et par conséquent, chaque moitié NROQ, QOSP de cette partie restante, qui n'occupera sur la circonférence qu'un arc de 30 degrés, égalera tour-à-tour un secteur de 20 degrés ou la surface de deux segments.

De cette preuve il suit que le secteur courbe de 60 degrés NROTP se trouve divisé en trois parties égales par les trois figures NROQ, QOSP et PSOT. Si je transporte cette nouvelle valeur à la figure 16, la proposition (8 et 16), qui vient de prouver la division du secteur courbe de 60 degrés en trois parties égales, va subir l'épreuve de la confrontation avec la proposition (14).

En effet, le triangle ROAMP, qui occupe sur la circonférence un arc de 30 degrés, égale le secteur de 20 degrés (19), et par conséquent, il égale la surface des deux segments compris entre les deux arcs OCN, OBN. Or, nous avons fait voir (11 et 14) que le triangle RSN égale la moitié du triangle NMP, et que le segment OSC qui est de 40 degrés égale la moitié de la surface comprise entre les deux arcs OAM, OBM.

Si maintenant du triangle ROAP et de la surface comprise entre les deux arcs OCN, OBN, qui sont deux surfaces égales (19), je retranche la partie commune NSOAM, les parties restantes seront égales (ax. B). Donc le triangle NMP égale la surface comprise entre les deux arcs correspondants OAM, OBM.

Donc, le triangle équilatéral curviligne de 20 degrés égale

deux segments de 40 degrés ; fusion de la proposition (8 et 16) avec la proposition (14) , qui ne pourrait exister si le segment n'était pas exactement égal au secteur de 10 degrés.

20 — Cette proposition (14) , ainsi que nous l'avons déjà dit, va éclairer toute la question. Appliquée à la figure 11 , elle prouve que le triangle concave égale le secteur de 60 degrés. Appliquée à la figure 12 , elle prouve que le triangle convexe égale le secteur de 60 degrés (voyez art. 12).

Or, si deux quantités différentes sont égales à une troisième, les deux premières seront égales entre elles (ax. A). D'où il suit que les triangles concave et convexe sont égaux.

Par cette même proposition , l'égalité qui règne entre les triangles concave et convexe peut encore être prouvée d'une manière frappante en l'appliquant à la figure 19. Les deux triangles équilatéraux AGB , CHD, qui sont chacun de 20 degrés, appartiennent au triangle convexe. Les 4 segments de 40 degrés GO , OH appartiennent au triangle concave.

Or, les deux triangles ABG , CHD de 20 degrés, étant égaux aux 4 segments de 40 degrés OGN , OGK , OHL , OHM , et tout le reste des surfaces des triangles concave et convexe étant commun par superposition , il demeure démontré que ces deux triangles sont égaux.

21 — Donc, le triangle concave égale le triangle convexe.

C'est à prouver cette égalité qui règne entre les triangles concaves et convexes de la figure (1), qu'ont tendu , comme vers leur but unique , les nouvelles théories des articles 10 , 11 , 12, 13 , 14 et 15 dont nous venons de faire un premier usage , et l'on reconnaîtra bientôt qui c'était là que tenait toute la difficulté de la question.

Avant de passer à la dernière application de ces découvertes, remarquons le résultats singuliers de la convenance mutuelle qui existe entre la plupart des symboles que nous avons expliqués. Après avoir construit le triangle concave sur le triangle convexe (18) , si nous construisons dans le cercle six triangles concaves en laissant, entre chacun d'eux, un arc de cercle égal à la dix - huitième partie de sa circonférence ou arc de 20 degrés, sans avoir en vue d'autres constructions que celles de de ces triangles, nous aurons la figure (20) où se trouveront :

1.º Les 6 triangles concaves MOA, BOC, DOE, FOG, HOI et KOL.

2.º Nécessairement, 6 triangles équilatéraux de 20 degrés LTM, ANB, CPD etc., les arcs LM, AB, CD ainsi des autres étant chacun de 20 degrés (10).

3.º Nécessairement encore, 6 triangles convexes LOB, AOD, COF etc., parce que les deux arcs LM, AB étant chacun de 20 degrés par hypothèse, et l'arc MA étant de 40 degrés, l'arc LMAB sera un arc de 80 degrés, et par conséquent (5) le triangle LOB sera une triangle convexe de la construction (fig. 1).

4.º On trouvera encore dans cette construction 6 secteurs courbes de 60 degrés MOB, BOD, DOF etc. tournés de gauche à droite.

5.º On y trouvera encore 6 autres secteurs courbes de 60 degrés LOA, AOC, COE etc., renversés de droite à gauche.

6.º Ne considérant que les trois triangles concaves MOA, DOE, HOI, les trois intervalles qu'ils auront entre eux, dans le cercle, égaleront chacun un triangle convexe et montreront ensemble la construction figure (1).

7.º On trouvera enfin dans cette construction 12 segments de 40 degrés ONX, ONY etc., correspondants et égaux deux à deux, chaque triangle équilatéral de 20 degrés. Toutes ces figures, dont nous connaissons les valeurs comparatives à l'égard du cercle, ou l'égalité qui règne entre elles, sont donc les conséquences nécessaires de la construction des 6 triangles concaves dans le cercle.

Actuellement, si par le milieu z, z, z des arcs MA, BC, DE occupés par les trois triangles concaves MOA, BOC, DOE, je tire trois diamètres, tous les triangles, concaves, convexes et secteurs courbes de 60 degrés que nous venons de désigner se trouveront partagés chacun en deux parties égales. Cela est d'ailleurs prouvé quant aux triangles concaves et convexes (18), reste à le prouver quant aux secteurs.

Le secteur courbe LOA se trouve divisé par le diamètre *zz* en deux parties dont l'une , ZOA , égale une moitié de triangle concave ; et l'autre , ZOL , égale une moitié de triangle convexe (18). Or , les triangles concave et convexe sont égaux (21) , donc leurs moitiés sont égales. Donc , la moitié du triangle concave ZOA égale la moitié du triangle convexe ZOL.

Donc, la droite ZO partage en deux parties égales le secteur courbe LOA , et par conséquent , les trois diamètres partagent tous les secteurs courbes ainsi que les triangles concaves et convexes , chacun en deux parties égales. C'est dans la construction symétrique des triangles concaves dans le cercle que viennent s'engendrer d'eux-mêmes , par la nécessité absolue de leur convenance , ou de leur identité , indépendamment de la volonté du constructeur de cette figure , la plupart des symboles dont nous avons fait usage , pour corroborer les démonstrations qui ont établi l'égalité qui règne entre eux.

L'égalité des triangles concave et convexe, qui a été prouvée par l'égalité qui règne entre le triangle équilatéral de 20 degrés et les deux segments de 40 degrés (14), peut encore être prouvée par l'égalité qui règne entre le segment et le secteur de 10 degrés établie par les articles 8 et 16.

22 — En effet , le secteur de 40 degrés plus deux segmens égale le triangle concave (4). Or , deux segments de 60 degrés égalent le secteur de 20 degrés (8). Donc , le triangle concave égale le secteur de 60 degrés , et par conséquent les trois triangles concaves égalent le demi-cercle.

Or , les trois triangles convexes égalent nécessairement l'autre demi-cercle. Car , sans cette nécessité , les trois triangles concaves plus les trois triangles convexes n'égaleraient pas le cercle (1).

Donc les triangles concaves et convexes sont égaux chacun à

chacun, et par conséquent, cette égalité vient d'être prouvée par celle qui règne entre le segment et le secteur de 10 degrés (8).

23 — De cette proposition, qui vient d'être démontrée par deux moyens différents, on peut tirer que chaque triangle égale la surface de 6 segments. Ceci est maintenant fort simple à prouver.

Une moitié de triangle convexe, plus 3 segments, égale le triangle concave (5).

Or, les triangles concave et convexe étant égaux (21), leurs moitiés seront égales. Donc, une moitié de triangle concave égale trois segments. Donc, le triangle concave égale six segments.

Donc, chaque triangle, soit concave soit convexe, égale la surface de 6 segments.

Ou bien encore cette preuve peut être faite ainsi : on peut tirer de l'article (19) que le secteur de 60 degrés égale 6 segments. Or, les triangles concave et convexe sont chacun égaux au secteur de 60 degrés (20), donc (ax. A) chaque triangle égale la surface de six segments, ou la sixième partie du cercle.

Le segment que nous avons pris pour unité de mesure comparative est formé par un arc décrit avec un rayon égal à celui du cercle, et soutendu par un corde égale à ce rayon, autrement dit par un arc et une corde de 60 degrés. Les segments compris entre la circonférence de ce même cercle et les côtés de l'exagone, que nous lui supposons pour un instant inscrit, sont donc, chacun, égal au segment du triangle concave, puisque les uns et les autres ont des arcs égaux et des cordes égales.

Or, chaque triangle étant égal à 6 segments ou à la sixième partie du cercle d'une part (23); et de l'autre part, le segment étant égal au secteur de 10 degrés (8 et 16), par chacune de ces deux raisons, la surface du cercle égale celle de 36 segments, et par conséquent 6 segments égalent la sixième partie de sa surface.

24 — D'où il suit que l'exagone régulier inscrit au cercle est égal aux cinq sixièmes de sa surface, ou ce qui revient au même, l'exagone est égal à la surface de 5 triangles.

Conséquence tirée suivant les exigences et toutes les rigueurs mathématiques, que d'ailleurs vient confirmer la figure (21), qui fait voir que la surface du cercle égale celle de 4 triangles convexes A, B, C, D, plus un triangle concave E, plus 6 segments f, g, h, i, k, l, ensemble 5 triangles plus 6 segments, ou ce qui revient au même, pour exprimer cette valeur, on peut dire que la surface du cercle, moins 6 segments, égale 5 triangles.

Or, la surface du cercle moins 6 segments égale évidemment l'exagone régulier inscrit (figure 26). Donc (ax. B) les cercles (fig. 21 et 26) supposés égaux, il faut conclure en toute rigueur que l'exagone FGHIKL (fig. 26) égale les 5 triangles ABCDE (fig. 21), et par conséquent l'exagone égale les cinq sixièmes du cercle.

Il faut dire ici que le cercle a des propriétés véritablement admirables ! Le rayon, qui divise sa circonférence en 6 parties égales, divise pareillement sa surface en 6 parties égales ou secteurs de 60 degrés (9), et assigne, suivant la même loi, la sixième partie de chaque secteur, et par conséquent, la trente-sixième partie de sa surface. En sorte, qu'en inscrivant l'exagone régulier, il arrive de cette remarquable rencontre qu'on extrait exactement la racine carrée du cercle représentée par les 6 segments.

Il ne reste plus qu'a faire le carré égal au cercle, mais avant de terminer par cette opération, quelques mots vont suffire pour faire voir qu'en ne levant qu'une branche de compas tour à tour, on peut décrire et diviser le cercle en 6 et en 18 parties égales.

La figure (9), qui exprime la division du cercle en 6 parties égales, montre clairement qu'après avoir décrit la circonférence, si l'on arrête la branche du compas sur un point de cette ligne comme centre, et décrivant un arc avec l'autre du centre à la circonférence, et laissant cette dernière branche sur le point où elle vient de rencontrer la circonférence, on lève la première pour décrire un arc semblable au premier, et successivement, en ne levant qu'une branche de compas tour à tour, le cercle se trouvera décrit et divisé en 6 parties égales, tel que le cercle (fig 9).

Par les mêmes moyens, on peut décrire et diviser en 18 parties égales le cercle, ou symbole de la quadrature ABCDEF (fig. première); car, le triangle AGOKBL est un secteur courbe de 60 degrés divisé en trois figures AIBL, BHOK et AGOHBI qui sont, chacune, égales au secteur de 20 degrés et par conséquent égales entre elles (démontré art. 18 et 19).

Donc, le cercle ou symbole de la quadrature se trouve divisé en 18 parties égales.

C'est avec raison que nous avons déjà dit que cette division du cercle, en 18 parties égales, est la plus exacte que la main de l'homme puisse exécuter, et nous ne pensons pas qu'on entreprenne jamais d'en chercher une ni plus facile ni aussi parfaite.

Si l'on circonscrit à cette figure un cercle avec un rayon double, on pourra démontrer aisément que les 6 triangles tels que MNP égalent aussi, chacun, le secteur de 20 degrés du cercle intérieur ABCDEF.

La perfection de cette figure, dont les secrets ne sont plus inconnus, est en quelque façon comme le sceau universel et le centre de fusion des vérités que nous avons établies, et pour cette raison, nous l'avons désignée par le nom de *Symbole de la Quadrature du Cercle.*

La figure (22) fait voir la théorie des arcs. Mais cette théorie, que nous n'avons expliquée qu'en tant qu'elle nous a paru nécessaire au sujet, exigerait pour être suivie dans ses précieuses recherches, un détail assez considérable. Nous ne sommes pas entré en leur lieu dans des explications là-dessus par le motif, allégué plus haut, que ces recherches nous auraient conduits trop loin et sans nécessité pour atteindre à nos conclusions.

La géométrie élémentaire qui a suffisamment éclairé la question va la terminer, en faisant le carré égal au cercle qui remplit tout l'objet du problème.

APPLICATION 1.re

Etant donné le cercle A (figure 25), je lui inscris un exagone régulier ou, pour abréger, je porte, par la même ouverture du compas qui a décrit sa circonférence, l'une de ses pointes à un point quelconque B, l'autre donnera le point C. Je tire la corde BC et à ses extrémités, les deux rayons OB, OC qui formeront le triangle équilatéral BOC égal à la sixième partie de l'exagone. J'abaisse l'apothême OD.

Sur le côté EF de l'angle droit (fig. 24), soit portée trois fois la longueur du rayon, la troisième longueur venant se terminer au point K. Sur le côté EG, soit portée la longueur de l'apothême de E en I. Menant ensuite, du point K, une droite prolongée parallélement au côté EG, et du point 1 une parallèle au côté EK, nous aurons le rectangle EIHK qui aura une surface égale à celle de l'exagone, attendu que la surface de ce polygone est égale au produit de trois de ses côtés multipliés par son apothême.

Mais comme la surface de l'exagone régulier inscrit n'égale que les cinq sixièmes de la surface du cercle (24), je divise la base EI du rectangle en cinq parties égales, par les moyens usités, et porte un de ces unités à côté du rectangle EIHK, en prolongeant indéfiniment la parallèle LM. Le parallélogramme ELMK aura une surface exactement égale à celle du cercle donné, et par conséquent le carré A, qui sera égal à ce parallélogramme (thme de Pythagore. Géom. de Bossut art. 165), sera le carré égal au cercle et la solution du problème suivant toutes les rigueurs.

APPLICATION 2.me

Après l'application qui précéde nous allons en faire une autre plus abrégée, fondée sur la théorie des lignes moyennes proportionnelles.

8

Sur la ligne indéterminée AX (fig. 25) , soit portée la longueur, plus un cinquième de l'apothême OD , qui donnera, supposé AB. Soient portées à la suite , bout - à - bout , trois longueurs de rayon qui jointes à AB donneront la ligne AD , formée de la base et de la hauteur du parallélogramme ELMK de la figure précédente. Faisant de ces deux données le diamètre ABD d'un cercle , du point d'union B , j'élève une perpendiculaire BE que je prolonge jusq u'à la circonférence. Cette perpendiculaire, qui sera l'ordonnée ou moyenne proportionnelle entre la base et la hauteur du rectangle ELMK de la figure 24 , sera par conséquent le côté du carré de la quadrature du cercle A.

Ainsi , et comme plus simple expression , le carré égal au cercle est celui qui a pour côté la moyenne proportionnelle entre deux lignes , dont l'une égale les six cinquièmes de l'apothême de l'exagone inscrit au cercle , et l'autre , trois côtés de ce polygone.

Donc , dans chacune de ces deux applications , le problème de la quadrature du cercle se trouve complètement résolu , attendu que toute la question consistait à trouver le carré égal au cercle.

CONCLUSIONS.

Il ne fallait donc pas chercher la surface du cercle d'abord, pour ensuite lui faire le carré égal , comme nous l'avons déjà dit à la suite de la proposition (8) , car l'appréciation exacte de la surface du cercle , que nous n'avons nullement eu besoin de connaître pour lui faire le carré égal , est pour cette raison une question différente et même étrangère à celle de sa quadrature , ensorte que si maintenant on proposait d'apprécier exactement la surface du cercle , on proposerait un problème indépendant de celui de sa quadrature.

Toutefois , la solution de ce second problème se trouve dans chacune des deux applications. Dans la première , parce que le parallélogramme ELMK (fig. 24), qui égale la surface du cercle

A (fig. 23), a sa base EL égale aux six cinquièmes de l'a-
pothême de l'exagone inscrit au cercle, et sa hauteur EK égale
à trois côtés de ce polygone. La surface de ce rectangle étant
égale au produit de sa base par sa hauteur, il suit que la
surface du cercle est égale au produit des six cinquièmes de
l'apothême de l'exagone qui lui est inscrit, multipliés par trois de
ses côtés, mais seulement à cause de l'égalité qui règne entre
le rayon d'un cercle et les côtés de l'exagone régulier qui lui
est inscrit ; on peut dire que la surface d'un cercle est égale
au produit des six cinquièmes de l'apothême de l'exagone qui
lui est inscrit, multipliés par trois rayons.

Enfin, de la seconde application, on tire que la surface d'un
cercle est égale au carré de la moyenne proportionnelle entre
deux lignes, dont l'une égale les six cinquièmes de l'apothême
de l'exagone qui lui serait inscrit ; et l'autre, trois côtés de
ce polygone. Par conséquent la racine carrée du cercle sera
cette moyenne proportionnelle.

APPENDICE.

On n'avait pu exactement apprécier encore ni la surface du cercle ni nulle de ses parties, si ce n'est deux figures en forme de croissant fort connues sous le nom de lunules d'Hypocrate, nom qu'elles tirent de celui de leur inventeur, qui expliqua que ces deux lunules égalent chacune un triangle. Ce fut par les théories du triangle rectangle inventées par Pythagore, aux quelles il associa celle des figures semblables, qu'il parvint à cette découverte. La facilité qu'on avait, à cette époque, de faire le carré égal à tout triangle proposé, expliqua bientôt la quadrature de ces lunules, et ce fut à ce sujet que Rivard, dans sa géométrie (page 120) fit la réflexion suivante : « il est » surprenant, dit - il, qu'ayant trouvé aussi facilement la qua- » drature de ces lunules on n'ait encore pu découvrir la qua- »drature du cercle. » Bien que Rivard ait admiré la quadrature de ces lunules, il ne devait pas penser que le même moyen qui l'avait expliquée pouvait résoudre celle du cercle.

Il s'agit actuellement d'expliquer une question autrement importante. Si on proposait de faire plusieurs carrés égaux entre eux ou suivant des rapports donnés, dont leur somme fût égale à un cercle proposé, cette question serait fort simple. Il suffirait après avoir fait le carré de la quadrature, de le diviser en autant de parallélogrammes suivant le nombre, l'égalité ou les rapports donnés : et alors, chaque moyenne proportionnelle entre la base et la hauteur de chaque parallélogramme serait le côté de chaque carré demandé. Ainsi ce problème n'aurait rien d'embarrassant. Mais ici, la question qui se présente n'a peut-être rien à céder à celle de la quadrature du cercle sous le rapport de son importance.

Il s'agit de trouver la quadrature de tout segment ou secteur de cercle qu'il sera possible de proposer, et non seulement de tout secteur ou segment, mais encore de tout morcellement ou partie qui serait déterminée, dans le cercle, par un ou plusieurs arcs : soit qu'ils fussent décrits avec des rayons égaux à celui du cercle, soit qu'ils eûssent des rayons différents. Ainsi les lunules d'Hypocrate de Chio, qui sont toutes semblables, comme ayant leur plus grand arc de 180 degrés et leurs pointes aux extrémités du diamètre, se trouvent dans le problème à travers la foule immense de celles qu'on y peut mettre en question.

Nous nous apercevons qu'à mesure que nous posons des conditions au lieu de compliquer le problème nous lui fournirions des données. Nous n'en dirons pas davantage, et si ce mémoire tombe sous la main de quelqu'un qui aurait quelque plaisir à résoudre ce nouveau problème, il ne désapprouvera pas notre silence.

Le cercle qui a causé tant d'embarras va devenir tout aussi connu que le triangle. Mais il s'en faut que, pour cela, les rapports que peut avoir le triangle avec les autres surfaces soient comparables à ceux du cercle.

Le triangle, qu'on fait très-souvent intervenir dans les autres figures, n'a pas autant de propriétés qu'on pourrait le penser ; cette surface qui est la moins composée de la géométrie joue assez ordinairement le même rôle dans ses applications. Car dans les décompositions ou morcellements des figures, on s'en sert communément à peu près comme dans le commerce on se sert des capacités de différentes grandeurs pour en mesurer d'autres; et dans ses similitudes ainsi que dans ses autres théories, le nombre de ses propriétés est assez limité, puisqu'il ne saurait apprécier exactement nulle surface qui serait déterminée par un arc de cercle. Il est peut-être le symbole le plus étudié de la géométrie et il est très-répandu par sa simplicité ou par la commodité de son application. Voilà, si je ne m'abuse, les rapports généraux sous lesquels peut être envisagé le triangle.

Mais si le triangle est le symbole les plus commun de la

géométrie et celui qui renferme le moins de surface avec le plus grand périmètre, le cercle doit occuper l'autre extrême ; il peut être considéré comme le plus noble et celui qui occupe le plus de surface avec le moins de contour. Le rôle du triangle est de pénétrer dans les figures pour expliquer leur valeur ; celui du cercle sera de les contenir comme pour les distiller. Le triangle en fait le détail en les mutilant. Le cercle en les enveloppant, montrera aussitôt leur difformité ou leur perfection, et dans son enceinte, il expliquera leur valeur, leurs rapports et leurs propriétés, sans les mutiler.

En un mot, on pourra considérer le cercle comme le moule universel où tous les éléments de la géométrie, sans distinction, viendront se comparer, se composer et s'analyser. Toute opération de géométrie, pour être exacte, se fera sous la protection du cercle.

Tels seront reconnus, un jour, le rôle et le caractère qui lui sont naturels.

ERRATA.

Lisez *ennéagone* partout où ce mot est écrit *énéagone*.

Page 6 : ligne 20. Au lieu de *trouver l'espérance*, lisez *trouver de l'espérance*.

P. 10 : l. 28. Au lieu de DÉFINITION, lisez DIVISION.

P. 23 : l. 15. Au lieu de *comme elle*, lisez *comme il*.

P. 26 : l. 5 et 6. Au lieu de *seront chacun égaux à l'arc de cercle compris entre eux*, lisez *seront chacune égale à l'arc de cercle compris entre elles*.

P. 30 : l. 13. Au lieu de A E, lisez A F.

P. 41 : l. 20. Au lieu de *égale la moitié de la moitié de la surface*, lisez *égale la moitié de la surface*.

P. 46 : l. 27. Au lieu de *un arc de 50 degrés*, lisez *un arc de 40 degrés*.

P 52 : l. 27 et 28. Au lieu de *deux à deux chaque triangle*, lisez *deux à deux à chaque triangle*.

***

***

Symbole de la quadrature du cercle

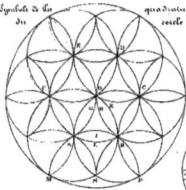

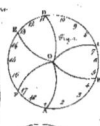

Fig. 1.

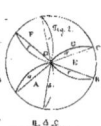

Fig. 2.

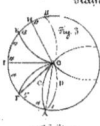

Fig. 3.

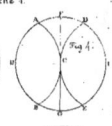

Fig. 4.

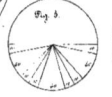

Fig. 5.

Fig. 6.

Fig. 7.

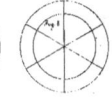

Fig. 8.

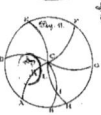

Fig. 9.

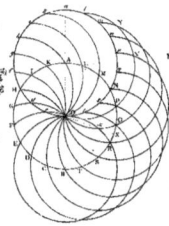

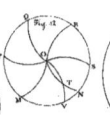

Fig. 12.

Fig. 14.

Fig. 10.

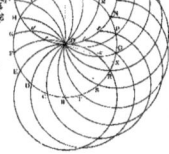

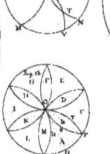

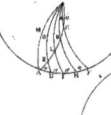

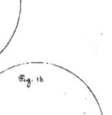

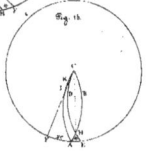

Fig. 15.

Planche 2.

Fig. 16. Fig. 16 bis. Fig. 17. Fig. 18. Fig. 19.

Fig. 20. Fig. 21. Fig. 26. Fig. 27.

Fig. 23. Fig. 24. Fig. 25.

www.ingramcontent.com/pod-product-compliance
Lightning Source LLC
Chambersburg PA
CBHW070809210326
41520CB00011B/1880